彰显女性气质的优雅毛衫

给着装加分的编织小物

※ 全书编织图中未注明单位的数字均以厘米（cm）为单位
※［M］［L］代表衣服的 M 号、L 号

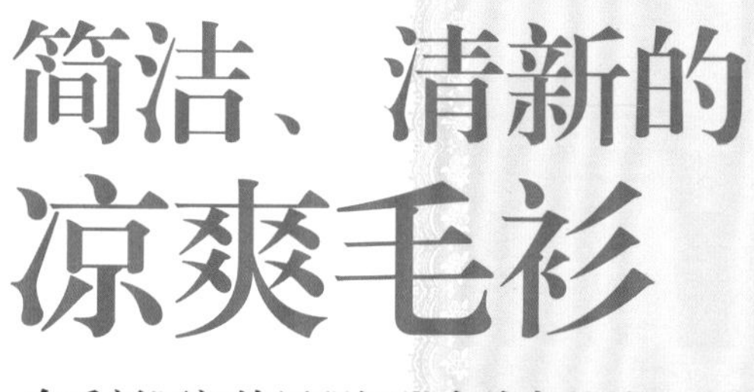

简洁、清新的凉爽毛衫

在毛衫腰部使用强调纵向线条的编织花样或多个花样组合的设计，会有一定的收腰效果。
而偏短的衣长，有显腿长的效果。
穿上简洁、清新的编织作品，
在春夏季节秀出自己吧！

1

这是使用富有变化的橘黄色带子线编织而成的套头衫。
从领口开始向下编织，插肩袖设计。
偏大的领口，显得颈部线条更加漂亮。

＊设计：岸 睦子
＊使用线：和麻纳卡
＊编织方法：第36页

2

这是一款与裤子和裙子都能搭配的
偏长款前开襟背心，
浅色会给人清爽的感觉，
深色则给人稳重的印象，
选择自己喜欢的颜色编织吧！

* 设计：川路由美子
* 制作：小井土玲子
* 使用线：和麻纳卡
* 编织方法：第38页

M

L

3

这是一款大胆运用V字形花样编织的套头衫，
给人干练利索的感觉，显瘦效果值得期待。
镂空花样也很漂亮，
一起享受与不同打底衫搭配的乐趣吧！

＊设计：武田敦子
＊制作：雨谷崇子
＊使用线：和麻纳卡
＊编织方法：第40页

4

这款背心在身片的中间和两边
设计了两种不同的编织花样。
缓慢减针的 A 字形轮廓线
也很漂亮。

* 设计：铃木朝子
* 制作：草叶京子
* 使用线：和麻纳卡
* 编织方法：第43页

5

这是一款穿起来很有装饰效果的小背心，
使用加入金色丝光线的优质线材编织而成。
简单的编织花样和前身片的弧形设计非常可爱。

＊设计：水原多佳子
＊制作：水原种子
＊使用线：和麻纳卡
＊编织方法：第47页

6

这款使用有光泽的灰米色、银色带子线编织而成的开衫，看起来很宽松，推荐与休闲风服饰搭配。腰部花样的变化是编织要点。

*设计：岸 睦子
*制作：Knit group・Juju
*使用线：和麻纳卡
*编织方法：第52页

7

这款套头衫上每隔一段距离就会出现不同的花样，是一件可以充分享受编织乐趣的作品。
因为它衣长偏短，推荐与短裙或连衣裙搭配穿着。

*设计：铃木朝子
*制作：饭田 都
*使用线：和麻纳卡
*编织方法：第54页

L

宽松、方便穿着的
舒适毛衫

有的朋友觉得很难找到适合自己的衣服，
为此，我们收集了一些款式，
无论您的身材是苗条还是丰满，穿上都会很合身。
不管是放松休闲还是外出穿着都很适合。

8

这款从肋部中间开始编织的背心，
前身片漂亮的编织花样非常吸引人。
如果解开装饰扣，前身片会自然下垂，
宽松舒适；如果扣上装饰扣，就能突出
漂亮的颜色和花样，典雅端庄。

*设计：岸 睦子
*使用线：和麻纳卡
*编织方法：第61页

9

这款淑女风的上衣很受欢迎。
它使用舒适、有质感的亚麻线编织而成，
下摆的细绳在后身片的中央打结。

* 设计：大森沙由美
* 制作：片冈民子
* 使用线：和麻纳卡
* 编织方法：第58页

10

把针目从针上取下后向下拆开线圈，
形成了多处脱针状竖条纹花样。
这件套头衫虽然较为宽大，
但是使用的线材垂感好，
手感也很光滑，
给人简洁清新的印象。

＊设计：冈本启子
＊制作：土谷美由起
＊使用线：和麻纳卡
＊编织方法：第64页

11

将一片长方形织片扭转一次后缝合拼接，
另一片长方形织片在背后缝合，
形成了这款非常独特的编织作品。
将扭转的部分放在前身片中央，
做成了这款披肩式上衣。

＊设计：松本惠衣子
＊使用线：和麻纳卡
＊编织方法：第65页

12

这款束腰长上衣使用2片相同的织片
分别在前、后身片中央进行缝合拼接，
胁部的4根细绳可在前、后身片或腋下打结系好。
细绳的缝合位置可根据个人喜好进行调整。

＊设计：水原多佳子
＊制作：浦 和代
＊使用线：和麻纳卡
＊编织方法：第66页

13

从后身片中心线开始起针，向左右两侧编织长方形花片，
在接袖位置缝合上袖子，
就完成了这样一件款式简单的开衫。
穿上后，后面是竖条纹，前面是横条纹，
是一件充满创意的编织作品。

*设计：铃木朝子
*制作：草叶京子
*使用线：和麻纳卡
*编织方法：第68页

彰显女性气质的 优雅毛衫

优雅风的织物大多简洁又不失女人味，
适合短时间出门时穿着。
漂亮的编织花样更显精致，
越来越受欢迎。

14

前领口是菠萝花样编织，就如装饰品一样。
领口花样与身片的简单花样形成对比，
整体搭配恰到好处。
这是一件很有魅力的编织作品。

*设计：多原纪子
*使用线：和麻纳卡
*编织方法：第70页

L

15

这件五分袖开衫的身片下半部分和袖口的镂空花样、贝壳花样是编织要点。
使用加入了银色丝光线的线材编织，
光泽感很好，整件作品显得典雅高贵。

＊设计：风工房
＊使用线：和麻纳卡
＊编织方法：第74页

16

这件套头衫漂亮、纤细的镂空花样让人眼前一亮，整体非常可爱。淡淡的粉红色显得很柔和。后身片也编织了相同的花样。

*设计：志田 瞳
*制作：牧野警子
*使用线：和麻纳卡
*编织方法：第76页

17

**这是一款使用加入了小结粒和银色丝光线的线材编织的精美开衫。
淡紫色系的渐变效果非常漂亮。**

*设计：川路由美子
*制作：西村久实
*使用线：和麻纳卡
*编织方法：第84页

L

18

**这款套头衫除领窝以外，
身片直编，不加减针，
袖子从身片挑针编织，
无须另行缝合。
虽然款式简单，但是花样很漂亮。**

*设计：横山纯子
*制作：石田敏子
*使用线：和麻纳卡
*编织方法：第86页

19

这款从领口往下编织的圆育克套头衫
展现出成人可爱的一面。
下摆的镂空花样也是点睛之笔。

＊设计：大森沙由美
＊使用线：和麻纳卡
＊编织方法：第88页

20

这款菱形镂空花样开衫
使用了正、反面分别为茶色和
金色的带子线编织，
轻柔又富有张力。

＊设计：镰田惠美子
＊制作：小林知子
＊使用线：和麻纳卡
＊编织方法：第90页

21

这是一件用亚麻混纺线材编织的短袖套头衫。
除前领窝以外，身片直编，不加减针，袖子也是从身片挑针编织，编织方法很简单。
袖口宽大，夏日穿着很凉爽。

*设计：Ryō
*制作：中台知惠子
*使用线：和麻纳卡
*编织方法：第83页

给着装加分的编织小物

下面介绍几款编织小物，
搭配得当，便能锦上添花，更显优雅。

22

这款从后领窝中心开始编织的圆形披肩，
有着漂亮的编织花样，非常雅致。

*设计：风工房
*使用线：和麻纳卡
*编织方法：第92页

23

这是一件使用粉红色系中加入了银色丝光线的线材编织而成的玛格丽特披肩。钩针编织的边缘显得非常华丽。

*设计：今村曜子
*使用线：和麻纳卡
*编织方法：第94页

24

绕线编花样使这款围巾有种镂空感，非常可爱。无论搭配休闲装还是正装都很合适。

*设计：家乡辉子
*使用线：和麻纳卡
*编织方法：第95页

本书使用线一览

图片为实物粗细

	线材名称	成分	规格 线长	粗细	棒针 （钩针）	下针编织 标准密度	特点
1	和麻纳卡 PAREO	棉100%	30g/团 约106m	中粗	5或6号 （5/0号）	24或25针 31或32行	这款空心带子线在做下针编织时，表现出马赛克似的渐变色彩效果。完成的织物手感干爽轻柔
2	和麻纳卡 Email	涤纶85%、 其他纤维（纸）12%、 尼龙3%	25g/团 约97m	中粗	5或6号 （5/0号）	24或25针 29或30行	这款带子线表面有光泽，背面无光泽。完成的织物很独特，令人回味。纸纤维的干爽轻柔手感也是此线的优点
3	和麻纳卡 LE GRAIN	棉93%、 涤纶7%	30g/团 约112m	中粗	5或6号 （4/0号）	23或24针 26或27行	渐变线和金银丝光线的结粒是此线的特色。优质的渐变设计，使织物的颜色变化非常丰富
4	和麻纳卡 Wash Cotton	棉64%、 涤纶36%	40g/团 约102m	中粗	5或6号 （4/0号）	22或23针 28或29行	这是从编织衣服到小物件都适合的中粗直线。此线容易编织，而且成品可以放在洗衣机里清洗
5	和麻纳卡 Claune	腈纶45%、人造丝32%、 麻（亚麻、苎麻）14%、 尼龙9%	25g/团 约100m	中粗	5或6号 （4/0号）	24或25针 30或31行	这是使用了特殊染色工艺的空心带子线。在织物的长间距渐变中会出现点状和条状色块，看起来有提花的效果
6	和麻纳卡 凉感 Coolier	铜氨人造丝69%、 棉31%	30g/团 约90m	中粗	5或6号 （5/0号）	24或25针 31或32行	这是兼有清凉感、光泽感和柔软手感的中粗空心带子线。在吸湿、排湿性能优良的铜氨丝中加入了棉的成分
7	和麻纳卡 Flax K (Lamé)	麻（亚麻）78%、 棉22% * 使用金银丝光线	25g/团 约60m	中粗	5或6号 （5/0号）	21或22针 25或26行	在Flax K棉麻线中捻入金银丝光线，更有光泽
8	和麻纳卡 Flax S	麻（亚麻）69%、 棉31%	25g/团 约70m	中粗	5或6号 （5/0号）	22或23针 27或28行	这是使用了比利时产的亚麻制作而成的竹节花式纱线。这款杂色花线对棉线不进行染色加工，只对亚麻线进行染色，使织物的颜色交替变化非常丰富
9	和麻纳卡 Flax K	麻（亚麻）78%、 棉22%	25g/团 约62m	中粗	5或6号 （5/0号）	21或22针 25或26行	使用了比利时产的亚麻制作而成。在紧致感和清凉感的基础上又加入了棉线的柔软质感，是一款追求手感舒适的线
10	和麻纳卡 Brillian	棉（超长棉）57%、 尼龙43%	40g/团 约140m	中粗	5或6号 （4/0~5/0号）	26或27针 32或33行	亲肤的手感和亮光尼龙的光泽感是此线的特点。无论是用棒针还是钩针，都是非常容易编织的空心带子线

●线的粗细是比较概括的表述，下针编织的标准密度是厂家提供的数据。

基本编织技法

起针

手指挂线起针

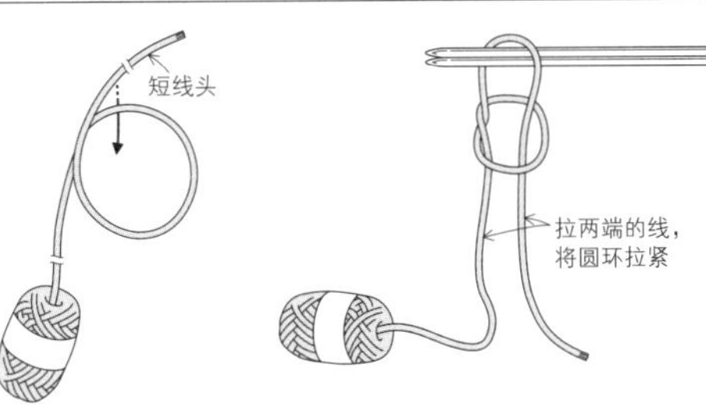

1. 短线头端要留出3倍于编织宽度的线，然后绕成一个圆环，如箭头所示，从圆环中拉出线头。

2. 在步骤1拉出的圆环中插入2根棒针，拉两端的线，将圆环收紧。

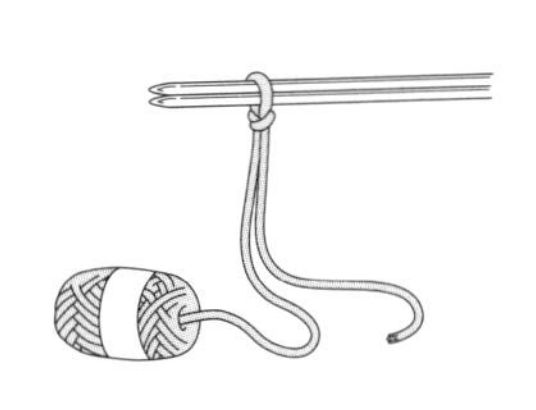

3. 第1针完成。

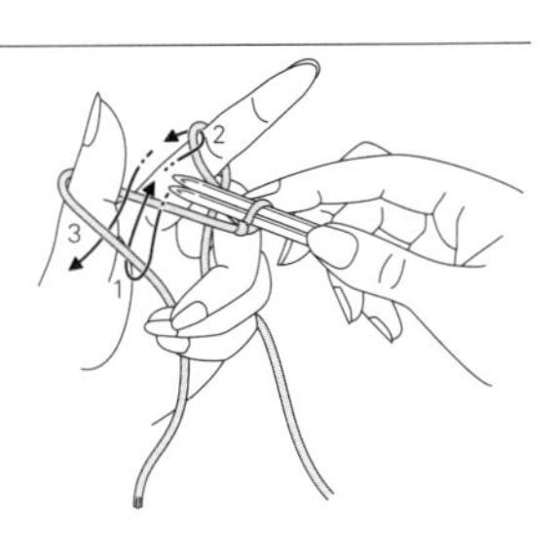

4. 按图中1、2、3的顺序如箭头所示转动棒针，将线挂在棒针上。

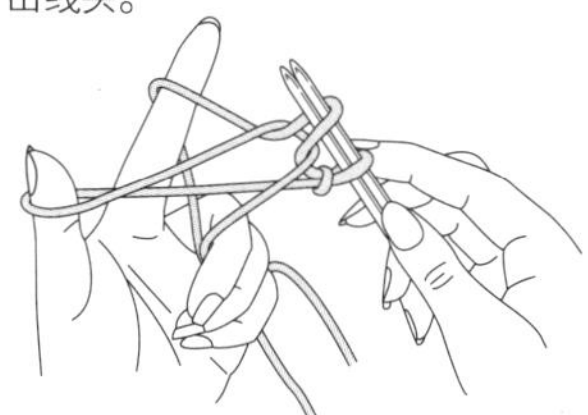

5. 挂线后的状态。

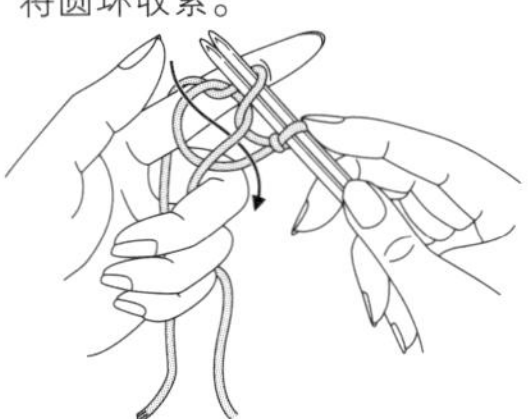

6. 暂时松开拇指上的线，如箭头所示重新插入拇指。

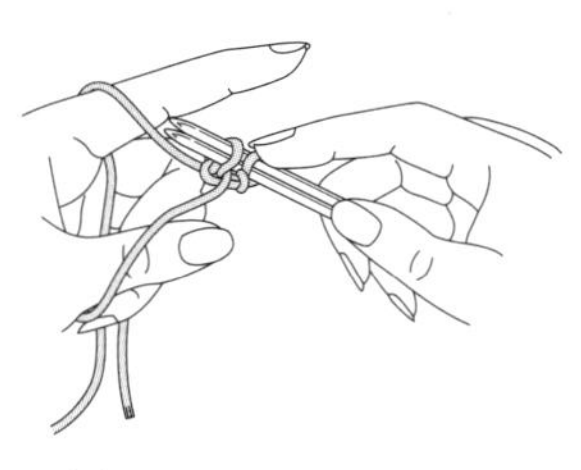

7. 用拇指拉紧针目，第2针完成。重复步骤4~7，起需要的针数。

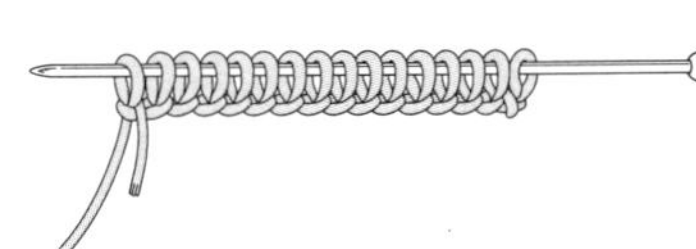

8. 所需针数全部起好后，抽出1根棒针即可。这是第1行。

锁针起针

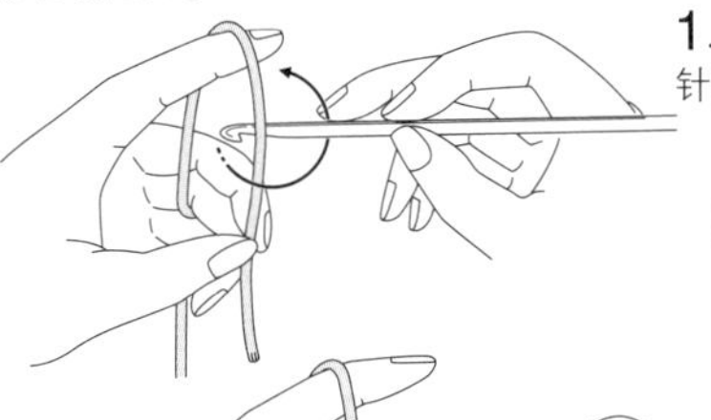
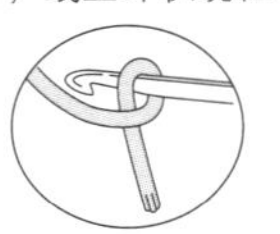

1. 如箭头所示转动钩针，线呈环状绕在针上。

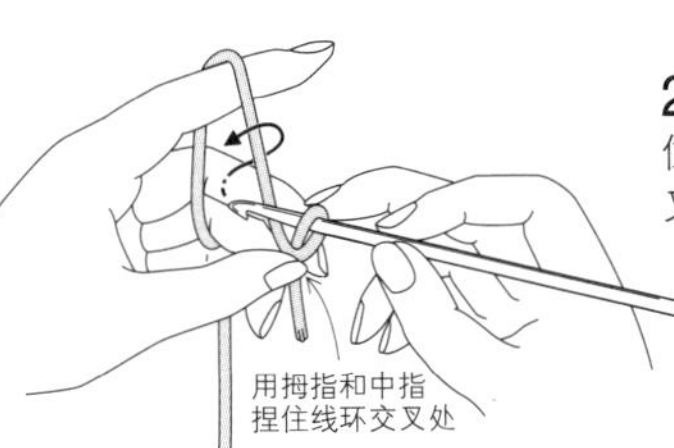

2. 用拇指和中指捏住步骤1中的线环交叉处，在钩针上挂线。

3. 将线从线环中拉出。

4. 完成最初的针目。这一针并不包含在起针数内。

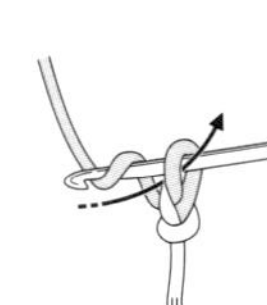

5. 挂线拉出。

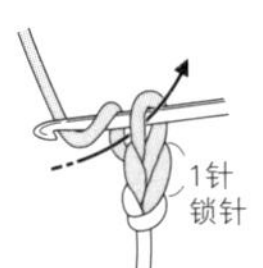

6. 1针锁针完成。重复步骤5，起需要的针数。

另线锁针起针

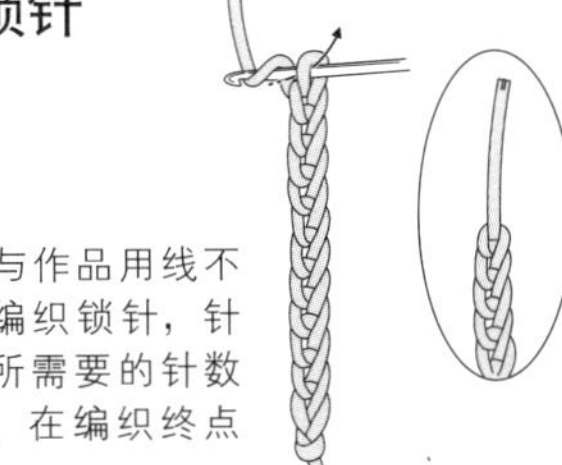

1. 使用与作品用线不同的线编织锁针，针数要比所需要的针数多几针，在编织终点处引拔。

2. 从锁针的编织终点的里山插入棒针，将作品用线挂在针上拉出。

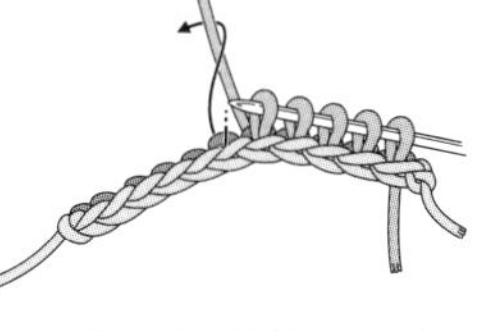

3. 从每个锁针的里山挑针，直到挑出所需要的针数。

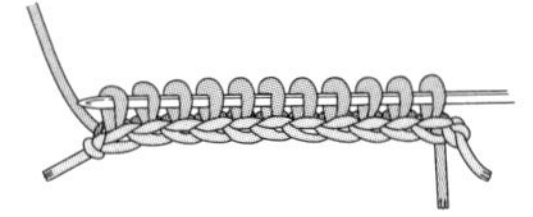

4. 起针完成。这是第1行。

[从另线锁针挑针]

1. 看着织片的反面，将棒针插入另线锁针的里山，拉出线头。

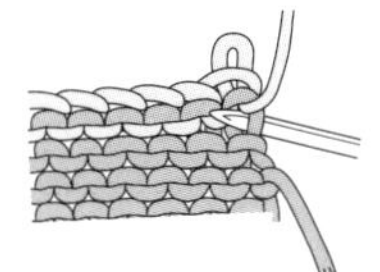

2. 在第1个针目里插入棒针，同时拆开另线锁针。

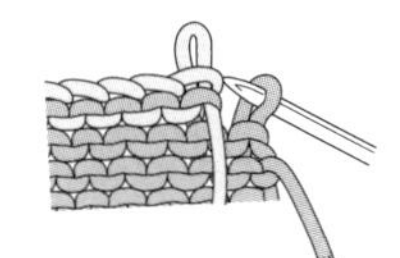

3. 已经挑出1针的状态。下一针重复此法挑出针目。

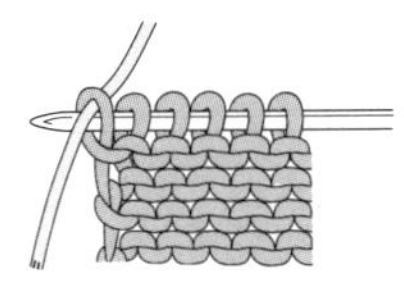

4. 最后一针在扭针的状态下挑出针目后，拉出另线锁针的线。

斜肩的编织方法

［右侧］

留针的往返编织

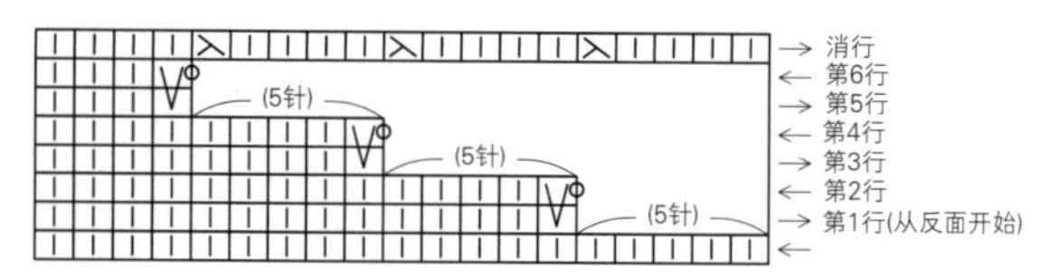

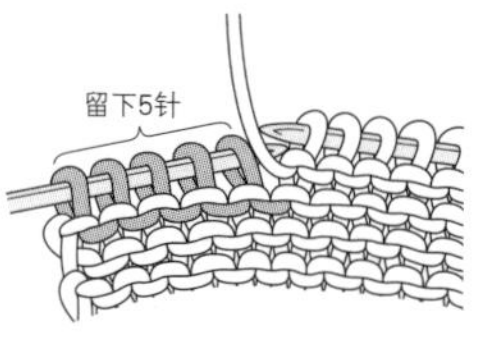

1.第1次往返编织（从反面编织的行）。留下5针不编织，翻转织片。

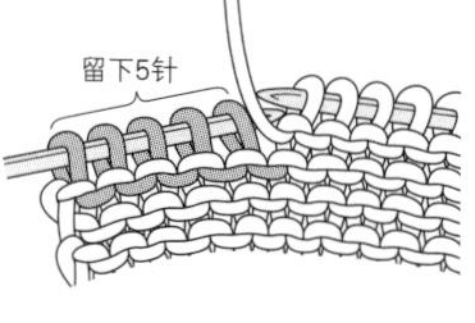

2.如图所示，挂针后，左棒针上的第1针不编织移到右棒针上。

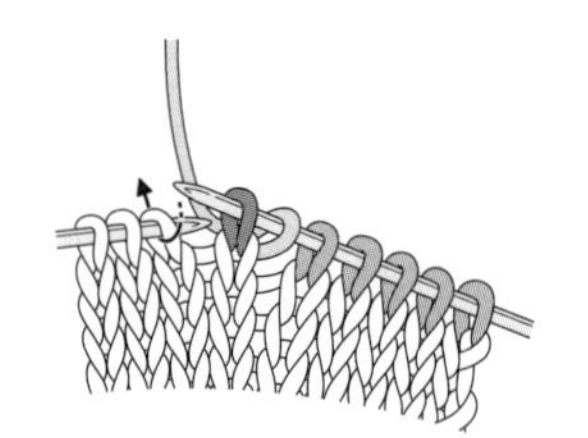

3.接下来全部编织下针。

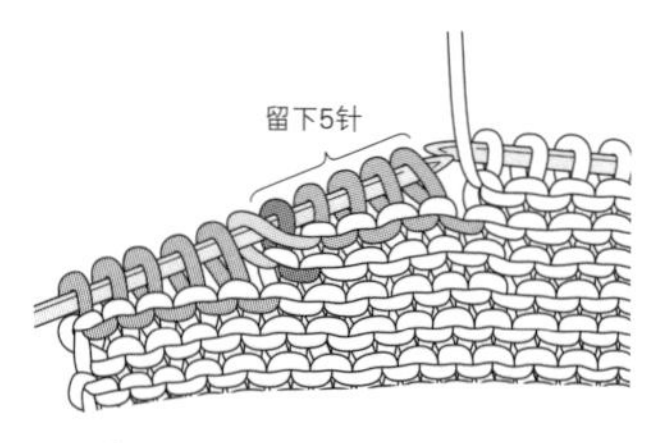

4.第2次之后的往返编织重复步骤1~3。

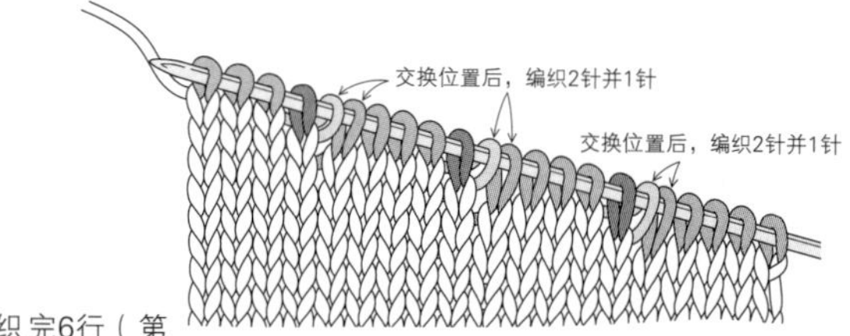

5.编织完6行（第3次往返编织）后的状态。

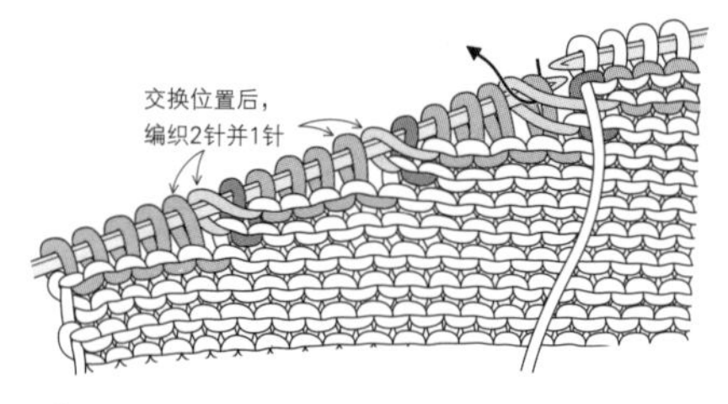

6.在反面消行。编织到挂针的位置时，将挂针和左侧相邻的针目交换位置（参照右图）后，编织上针的2针并1针。

交换针目位置的方法

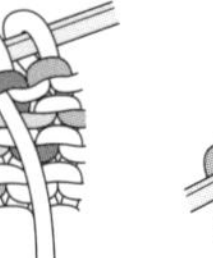

①将线放在前面，按照图中1、2的顺序将这2个针目移到右棒针上。

②如箭头所示，在已经移到右棒针上的2个针目里插入左棒针，然后将这2个针目再移回左棒针上。

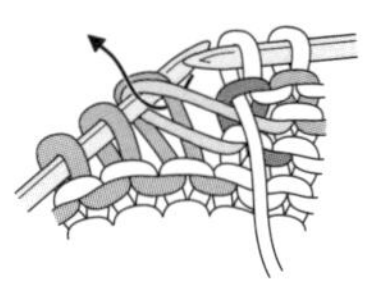

③2个针目移回左棒针后的状态。如箭头所示，插入右棒针。

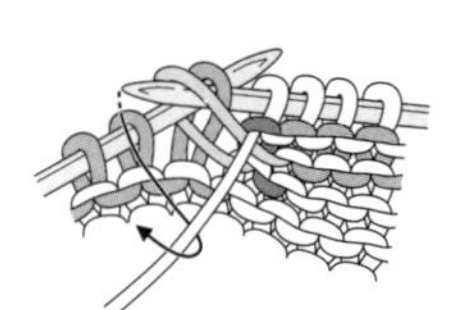

④编织上针的2针并1针。

［左侧］

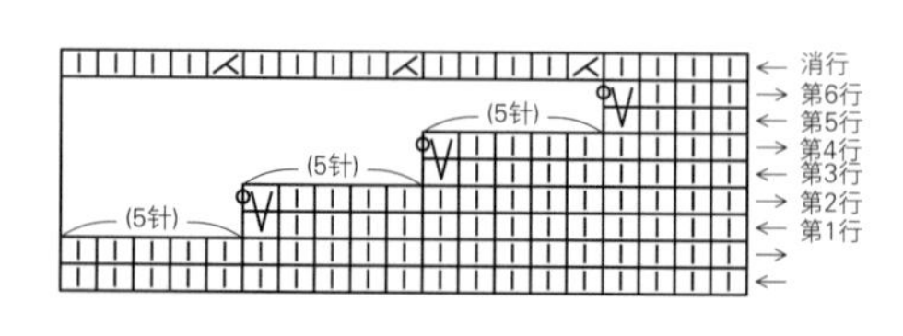

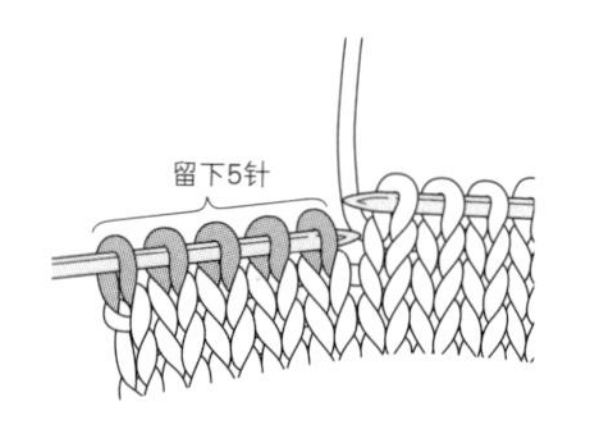

1.第1次往返编织（从正面编织的行）。留下5针不编织，翻转织片。

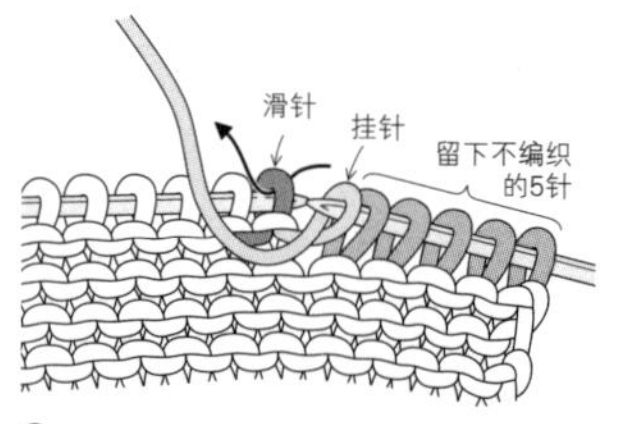

2.如图所示，完成挂针后，左棒针上的第1针不编织移到右棒针上。

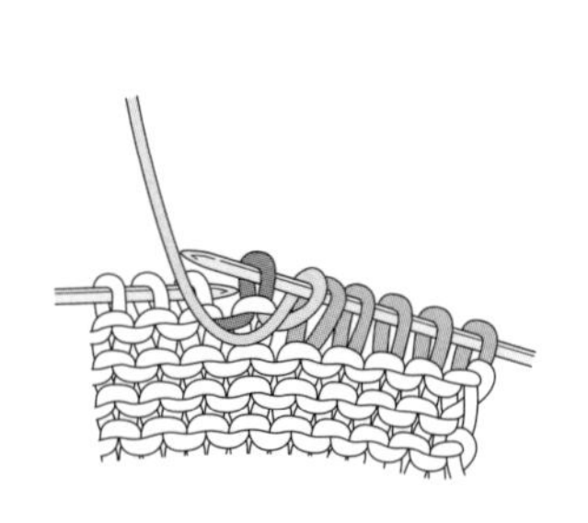

3.滑针完成后的状态。接下来全部编织上针。

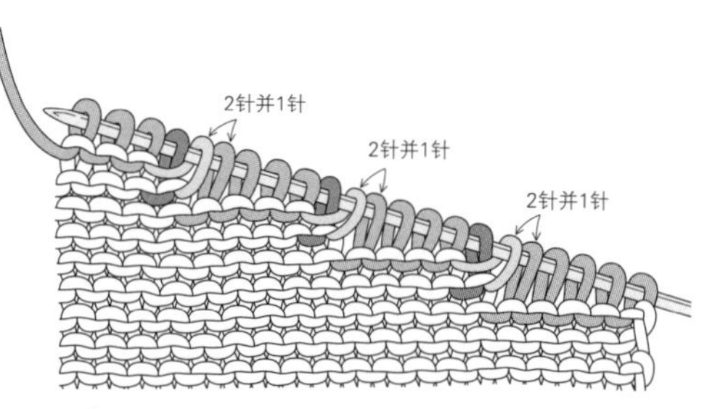

4.第2次之后的往返编织重复步骤1~3。编织完6行（第3次往返编织）后的状态。

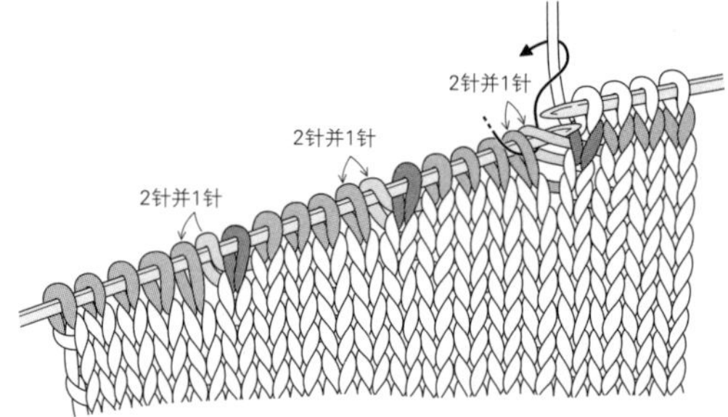

5.在正面消行。编织到挂针的位置时，如箭头所示将右棒针插入挂针和左侧相邻的针目，编织下针的2针并1针。

组合方法

挑针缝合（下针编织的时候）

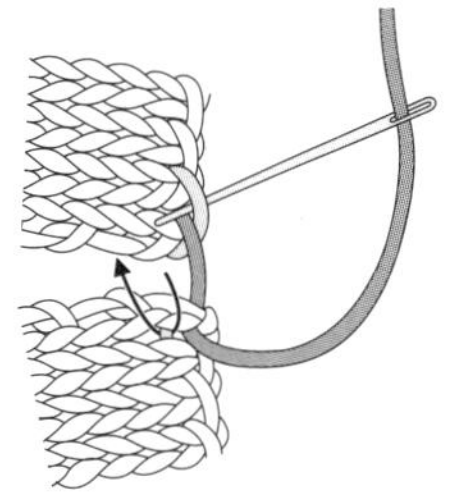

1.用手缝针挑起要缝合的2片织片的起针线，对起针处进行缝合。

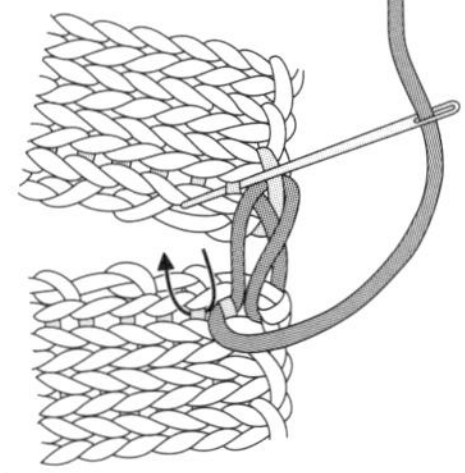

2.一行一行交替挑起侧边1针内侧的横线。

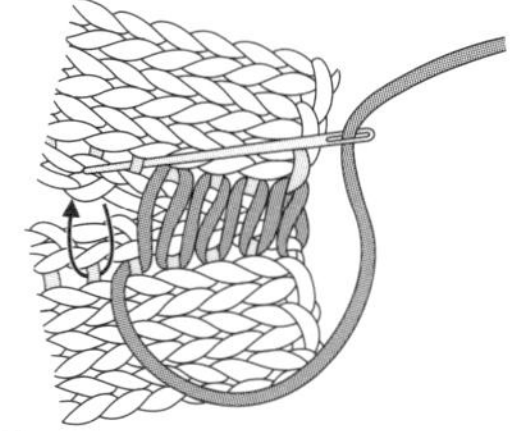

3.重复步骤2。拉紧线，直至看不出缝合线。

引拔接合

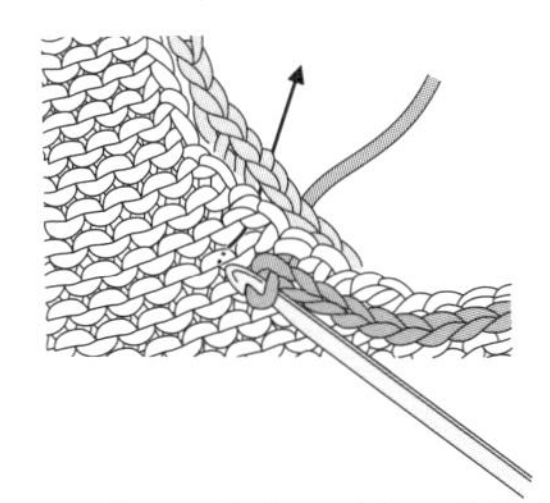

这是接袖子等位置时使用的缝合技法。将2片织片正面相对，用钩针一边钩织引拔针一边接合。用珠针等固定各个重要点位，可以更好地完成缝合。

盖针钉缝

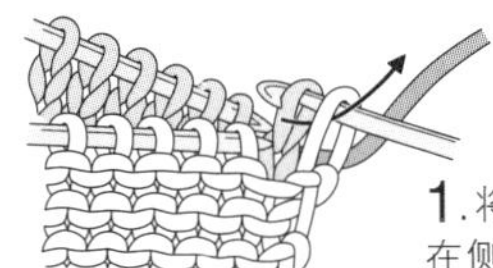

1.将2片织片正面相对，在侧边的2个针目里插入钩针，将后面的针目从前面的针目中拉出。

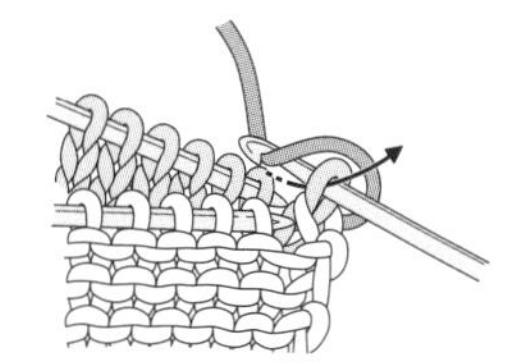

2.在钩针上挂线引拔。

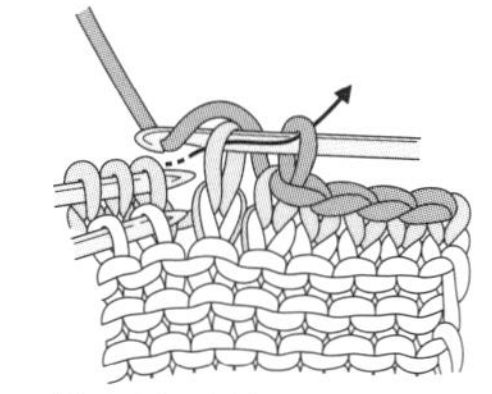

3.重复步骤1、2。

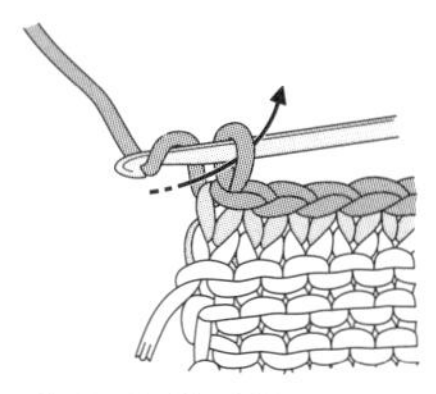

4.最后1针引拔。

针与行对齐缝合（针目留在棒针上的时候）

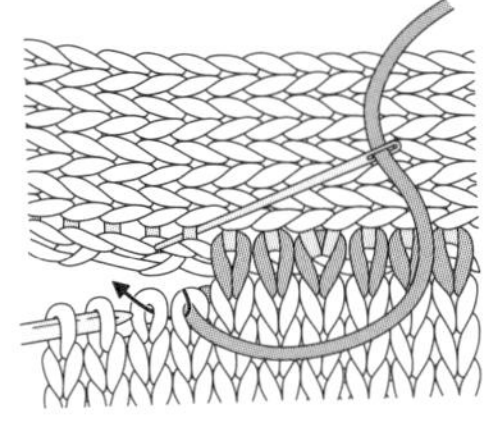

1.从侧边1针内侧的横线挑起1行，再将手缝针插入棒针一侧的2个针目内（每个针目里插入2次手缝针）。

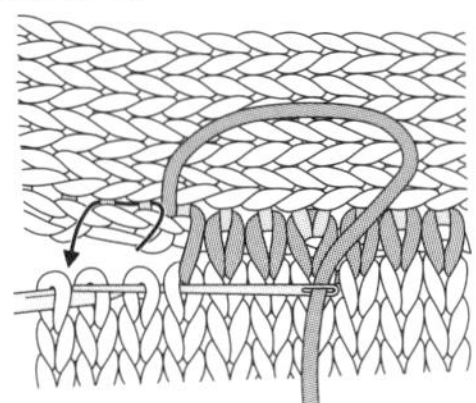

2.有时行数比针数多，这时，可一次挑起2行进行调整。

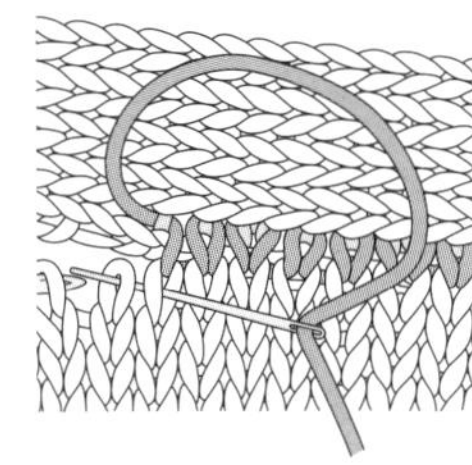

3.一边调整针与行，一边交替插入手缝针。拉紧线，直至看不出缝合线。

针与行对齐缝合（针目已经收针的时候）

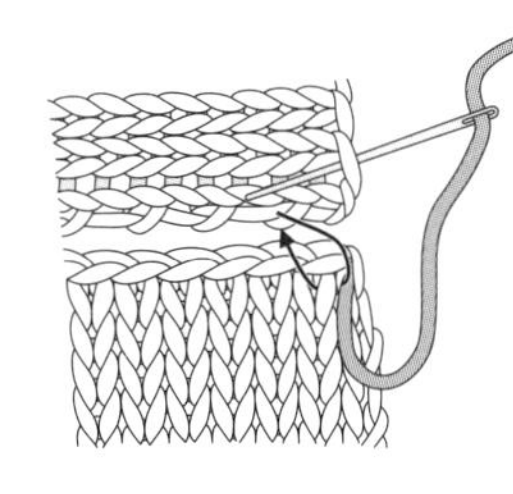

1.先挑起前面一侧起针行的横线，然后将手缝针插入另一侧的2个针目内，再从侧边1针内侧的横线挑起1行。交替从针与行中挑线缝合。

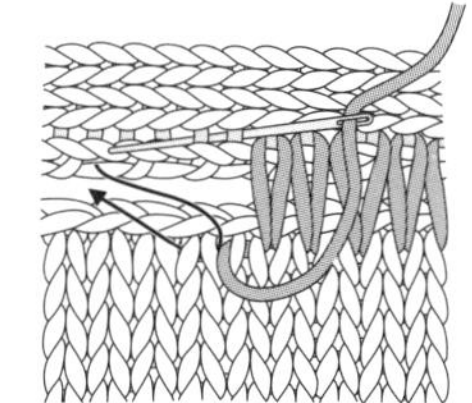

2.有时行数比针数多，这时，可一次挑起2行进行调整。

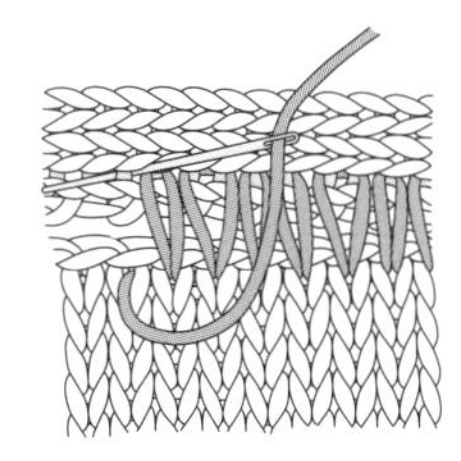

3.一边调整针与行，一边交替插入手缝针。拉紧线，直至看不出缝合线。

针法指南

作品的编织方法

1

第2页

材料 和麻纳卡 Email 橘黄色、金色（7）[M] 230g/10团，[L]250g/10团

工具 棒针5号，钩针5/0号

成品尺寸 [M]胸围96cm，衣长50.5cm，连肩袖长54.5cm；[L]胸围96cm，衣长53.5cm，连肩袖长56cm

密度 10cm×10cm面积内：编织花样A 25针，30行；编织花样B 23针，30行

编织方法

育克▶手指挂线起针，按编织花样A环形编织。在拉克兰线的左、右两侧编织扭针加针，由身片中心向左、右对称编织。编织结束时，以拉克兰线为界将针目分成前、后身片及左、右袖子部分，休针备用。**前、后身片**▶用另线锁针编织两肋的11针。与育克部分一起挑针，按照编织花样A、B和起伏针的顺序环形编织。编织结束时做伏针收针。**袖子**▶从育克和腋下的另线锁针挑取针目，与前、后身片同样编织。**衣领**▶用钩针从领窝挑取指定针数后做边缘编织。

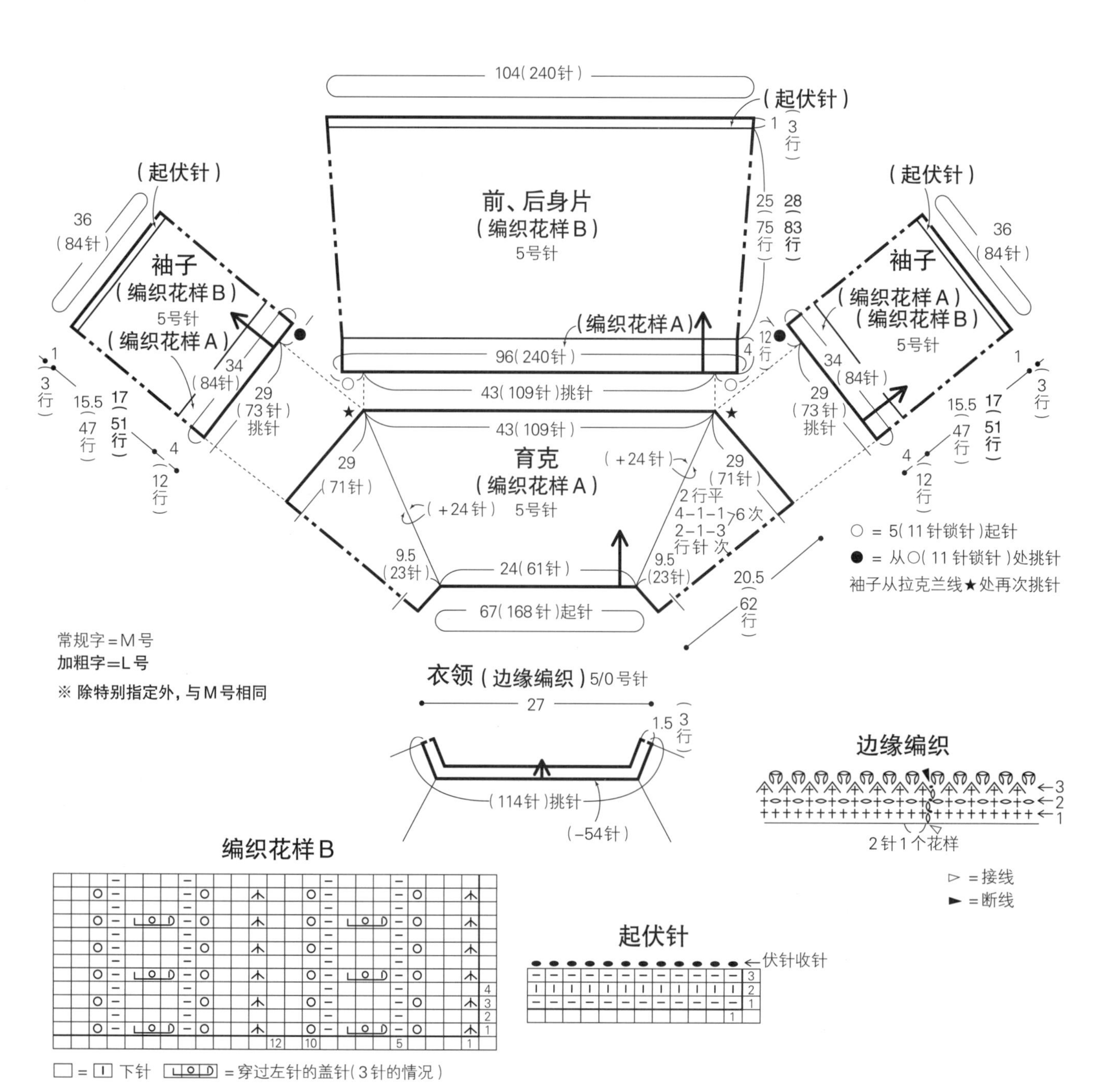

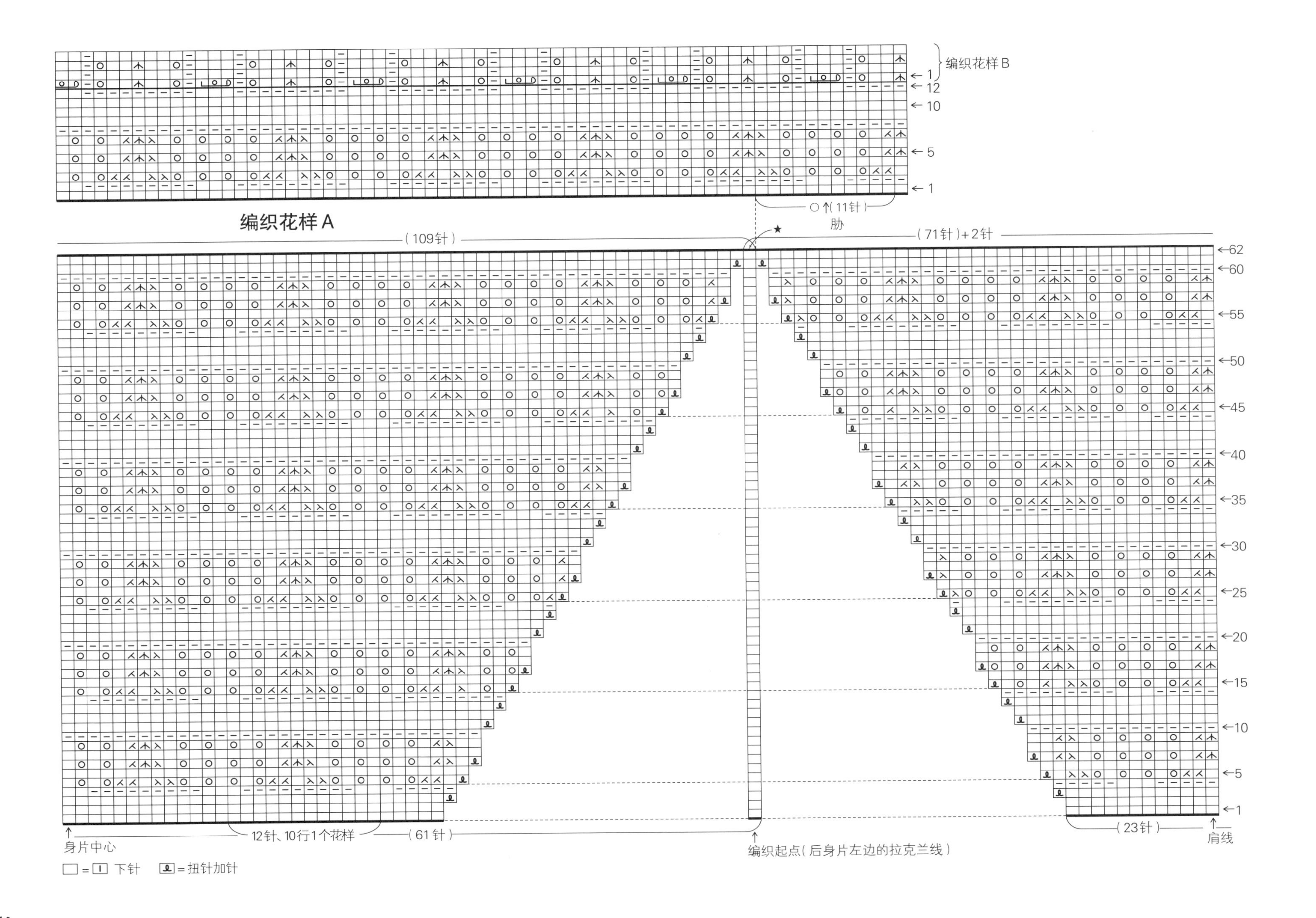
编织花样B
编织花样A
○个(11针)
胁
(109针)
(71针)+2针
身片中心
12针、10行1个花样
(61针)
编织起点(后身片左边的拉克兰线)
(23针)
肩线
□=□ 下针
= 扭针加针

材料 和麻纳卡 凉感Coolier [M]灰色（7）235g/8团，[L]茶色（8）260g/9团；直径1.5cm的纽扣3颗（M号、L号相同）

工具 棒针6、5号

成品尺寸 [M]胸围95cm，肩背宽35cm，衣长54cm；[L]胸围101cm，肩背宽38cm，衣长58cm

密度 10cm×10cm面积内：编织花样A、B均为24针，32行

编制方法

前、后身片▶手指挂线起针，按照起伏针和编织花样A、B的顺序编织，在编织花样B的第1行按指定针数均匀减针（L号的前身片无须减针）。袖窿与领窝减针时，2针及以上时编织伏针减针，1针时立起侧边1针减针。肩部休针备用。**组合**▶肩部做盖针钉缝，胁部做挑针缝合。衣领、前门襟和袖窿分别挑取指定针数后编织起伏针。在右前门襟编织扣眼。编织结束时做上针的伏针收针。

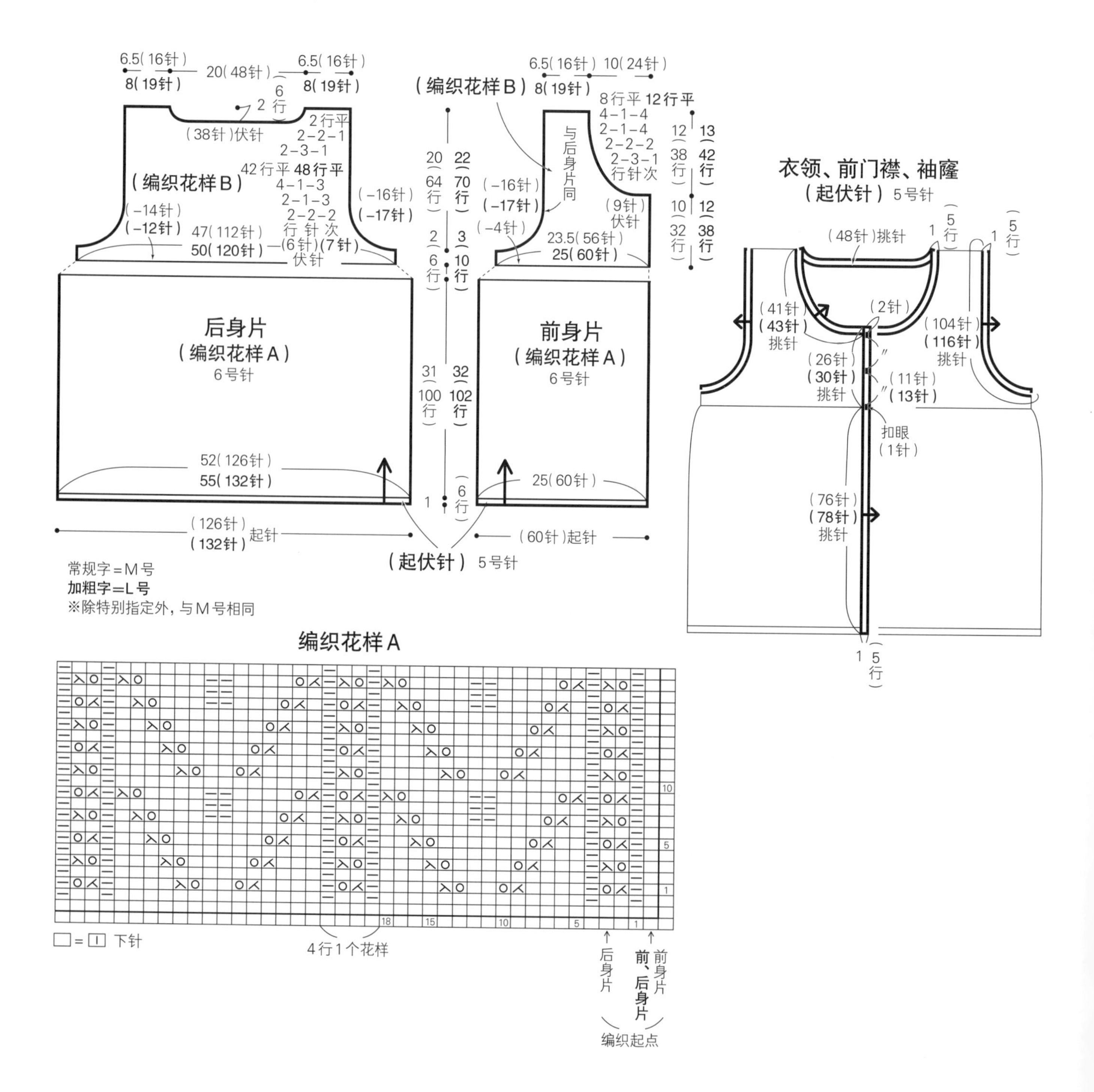

编织花样B

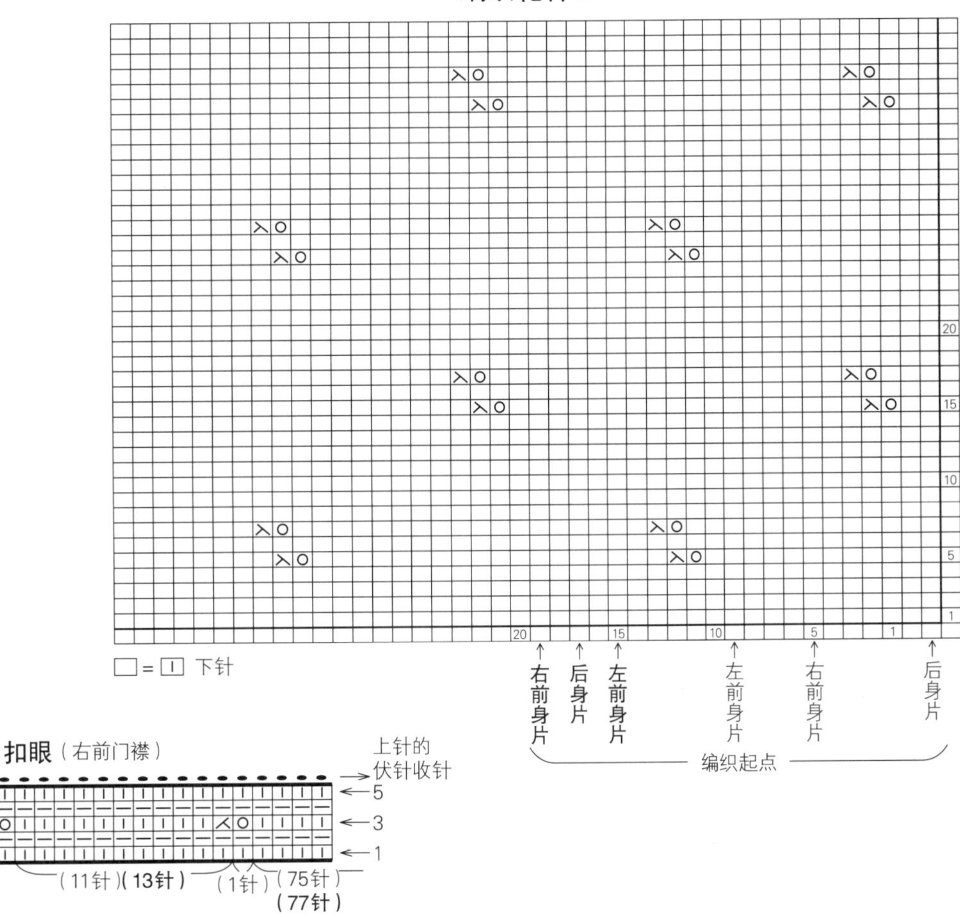

□ = Ⅰ 下针
20
15
10
5
1
右前身片
后身片
左前身片
左前身片
右前身片
后身片
编织起点
扣眼（右前门襟）
上针的伏针收针
5
3
1
（2针）
（11针）(13针）
（11针）(13针）
（1针）
（75针）
(77针）

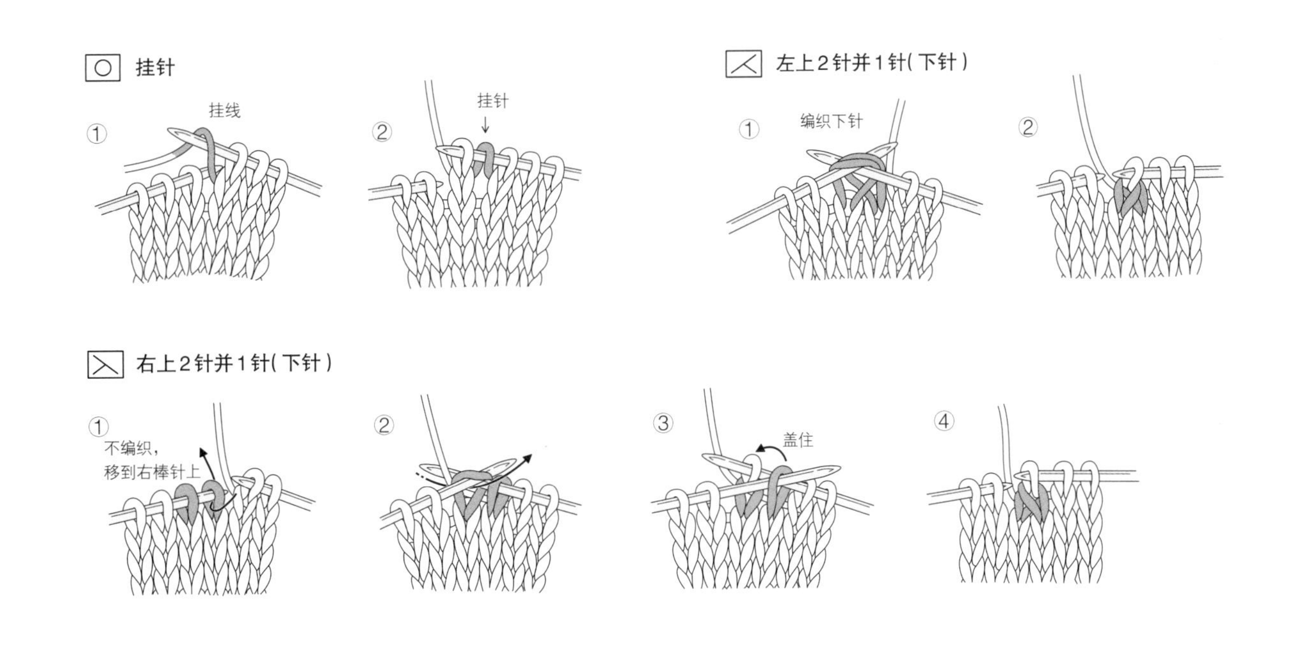

○ 挂针
① 挂线
② 挂针
左上2针并1针(下针）
① 编织下针
②
右上2针并1针(下针）
① 不编织，移到右棒针上
②
③ 盖住
④

3

第6页

材料 和麻纳卡 凉感Coolier蓝色（11）[M]270g/9团，[L]290g/10团

工具 棒针5、3号

成品尺寸 [M]胸围96cm，衣长53cm，连肩袖长29.5cm；[L]胸围102cm，衣长56cm，连肩袖长31.5cm

密度 10cm×10cm面积内：编织花样24针，39行

编织方法

后身片▶另线锁针起针，按编织花样开始编织。袖下加针时，1针时在1针内侧编织扭针加针，2针及以上时编织卷针加针。领窝减针时，2针及以上时编织伏针减针，1针时立起侧边1针减针。肩部进行留针的往返编织，编织结束时休针备用。下摆拆开另线锁针挑针，均匀加针后编织双罗纹针。编织结束时做双罗纹针收针。**前身片**▶前身片与后身片同样编织，前领窝中间的23针休针备用。**组合**▶肩部做盖针钉缝，胁部做挑针缝合。衣领和袖口分别挑取指定针数后环形编织双罗纹针，编织结束时做双罗纹针收针。

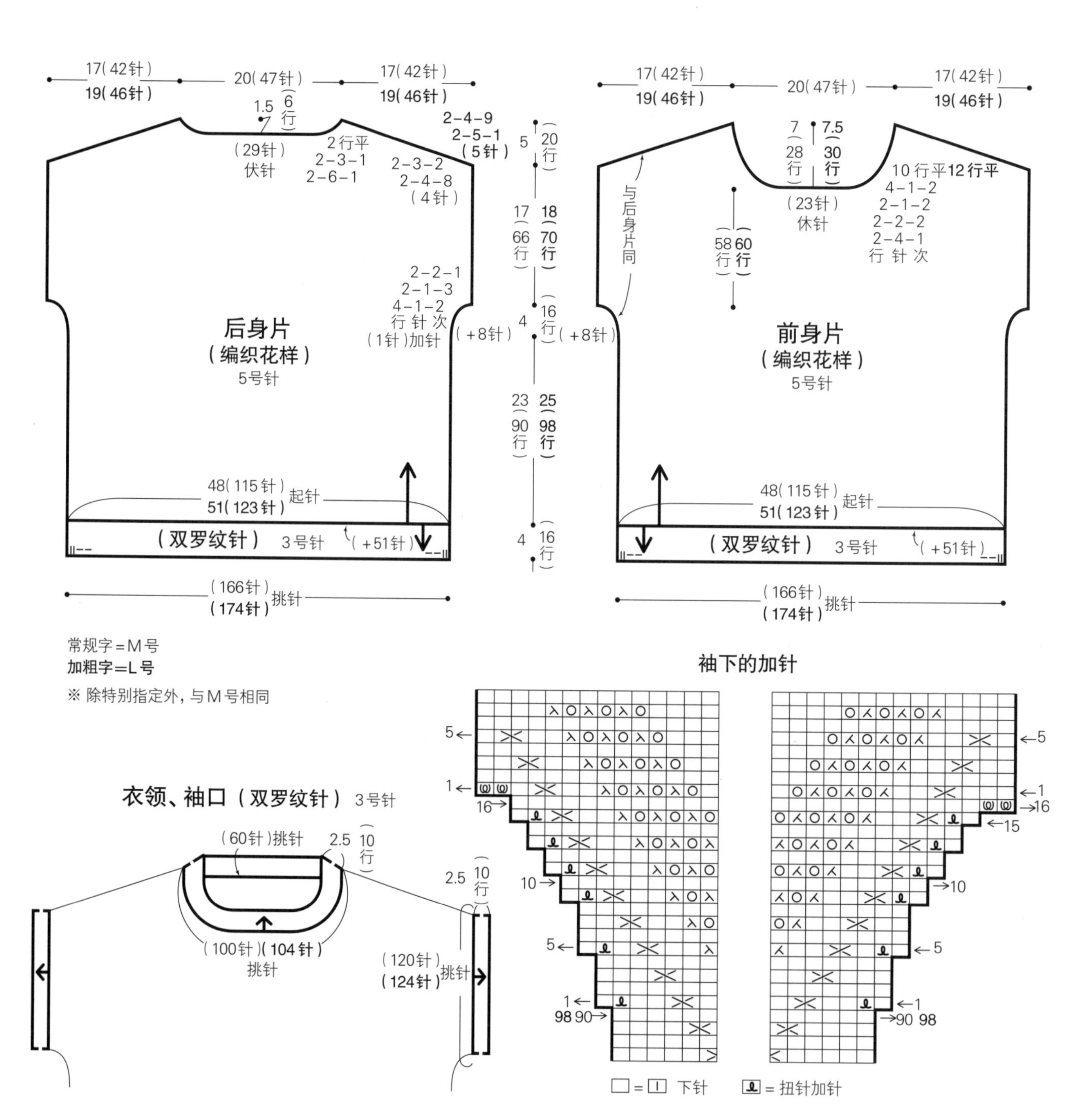

编织花样

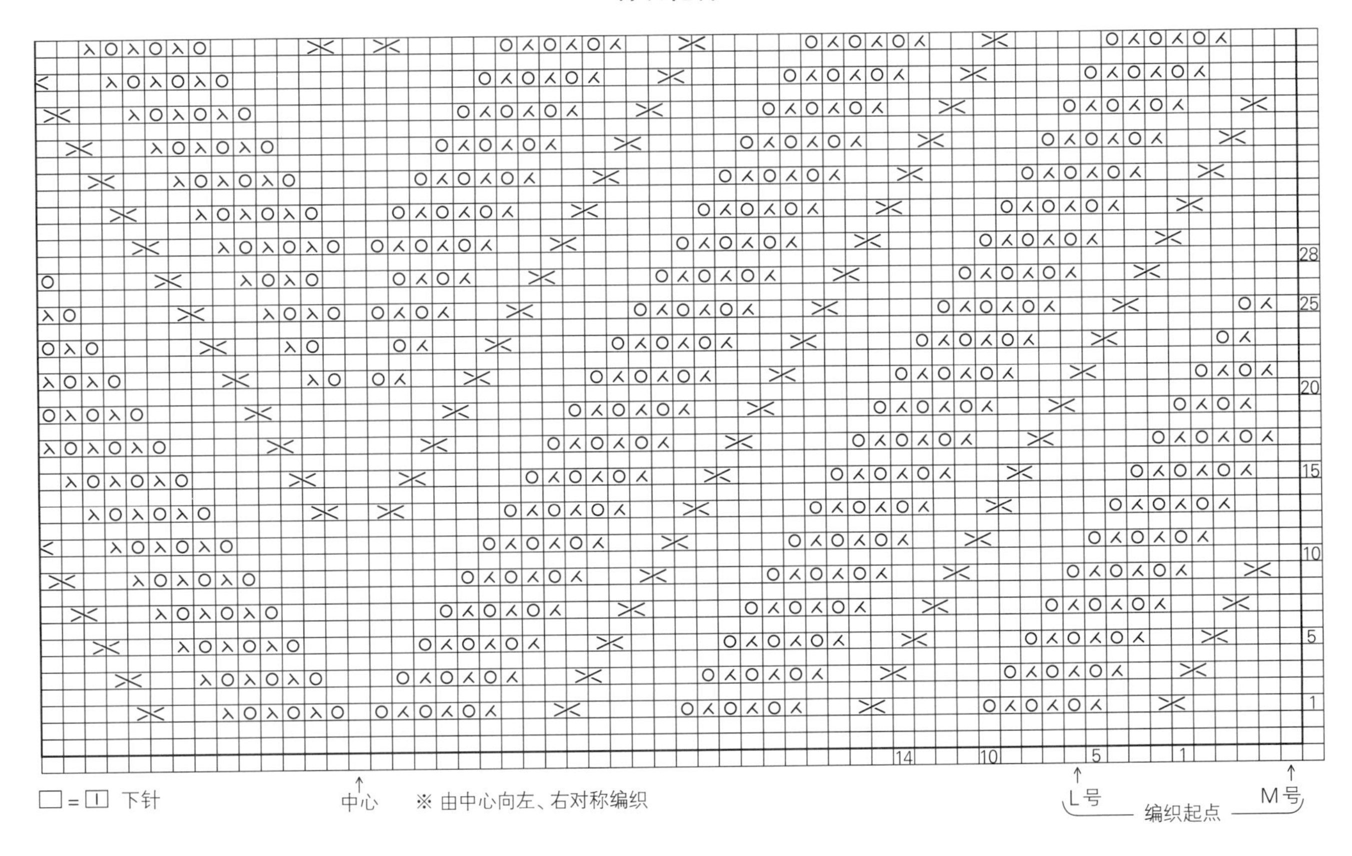

28
25
20
15
10
5
1
14
10
5
1
□ = ⊡ 下针
中心
※ 由中心向左、右对称编织
L号
M号
编织起点

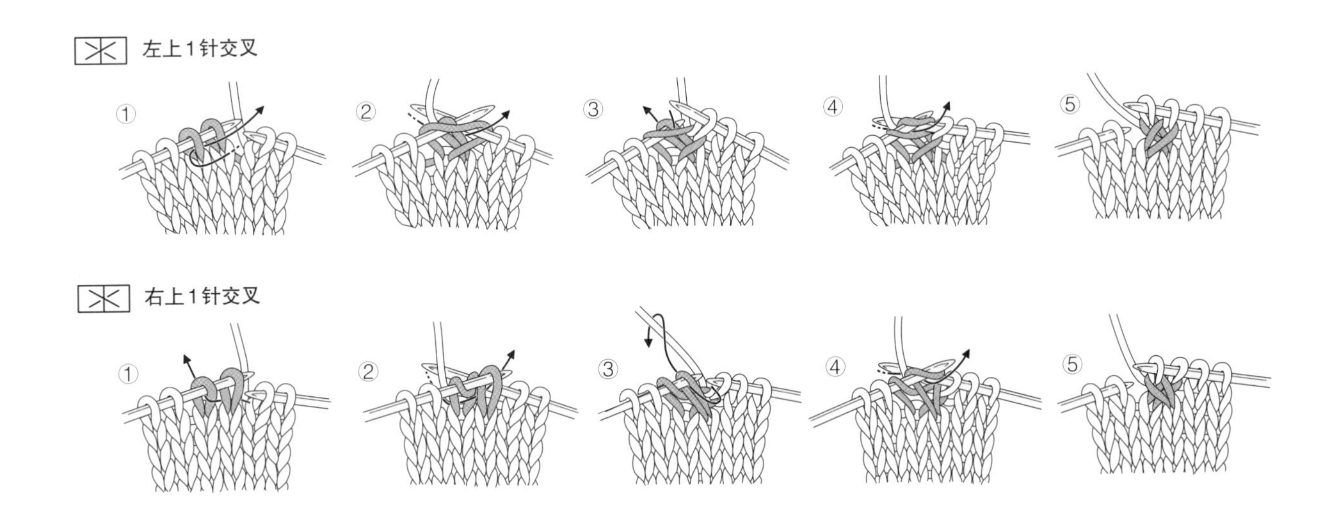

左上1针交叉
①
②
③
④
⑤
右上1针交叉
①
②
③
④
⑤

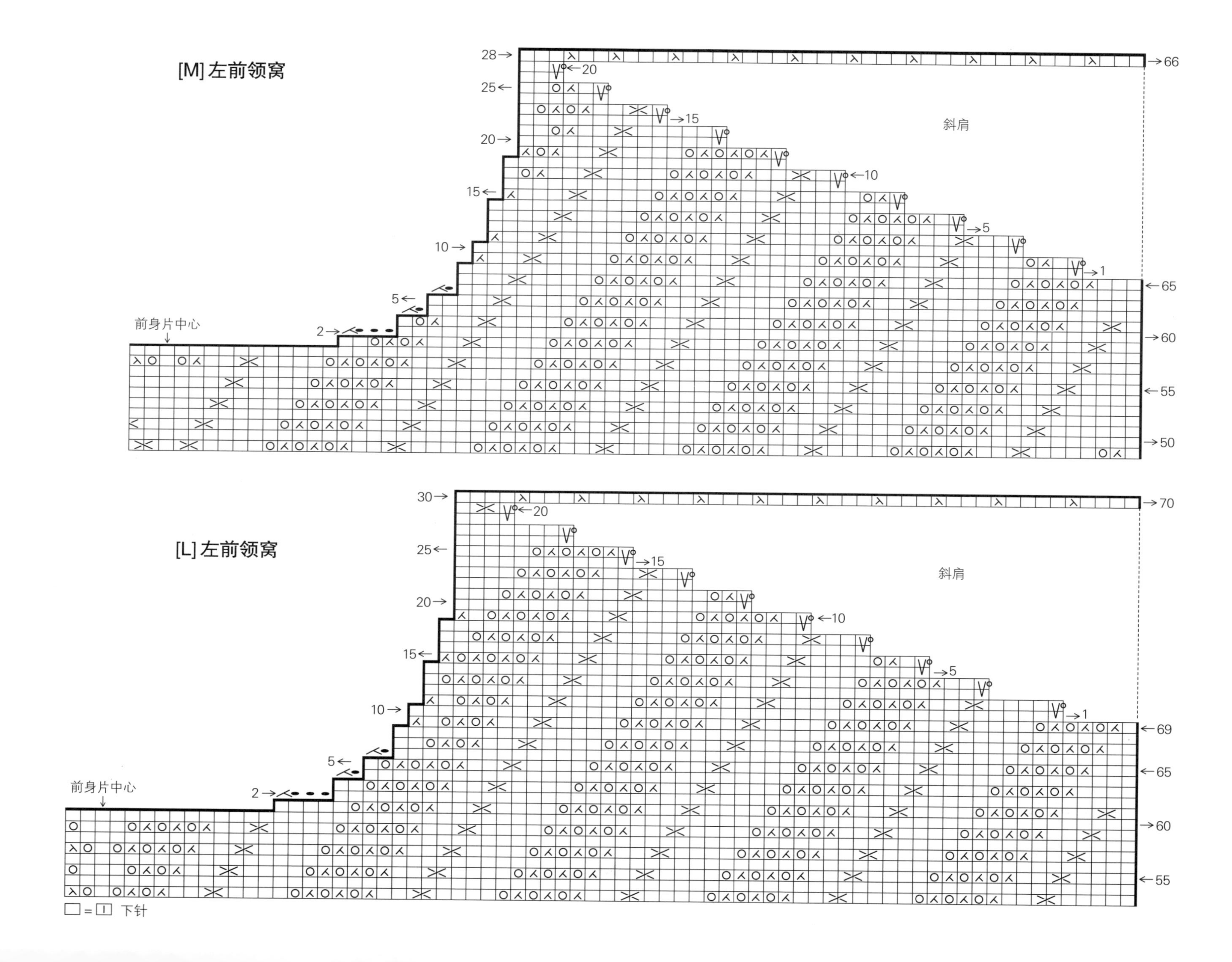
[M] 左前领窝
斜肩
前身片中心
[L] 左前领窝
斜肩
前身片中心
□ = ⊟ 下针

4

第7页

材料 和麻纳卡 Brillian藏青色（11）[M]240g/6团，[L]270g/7团

工具 棒针5、3号

成品尺寸 [M]胸围90cm，肩背宽31cm，衣长62.5cm；[L]胸围100cm，肩背宽34cm，衣长64.5cm

密度 10cm×10cm面积内：编织花样A 26针，38行；编织花样B 28针，38行

编织方法

后身片▶另线锁针起针，按编织花样A、B编织。肋部、袖窿、领窝减针时，2针及以上时编织伏针减针，1针时立起侧边1针减针。肩部进行留针的往返编织，编织结束时休针备用。下摆拆开另线锁针挑针，做上针编织，编织结束时做上针的伏针收针。**前身片**▶前身片与后身片同样编织，前领窝中间的17针休针备用。**组合**▶肩部做盖针钉缝，胁部做挑针缝合。衣领和袖窿分别挑取指定针数后做上针编织，编织结束时做上针的伏针收针。

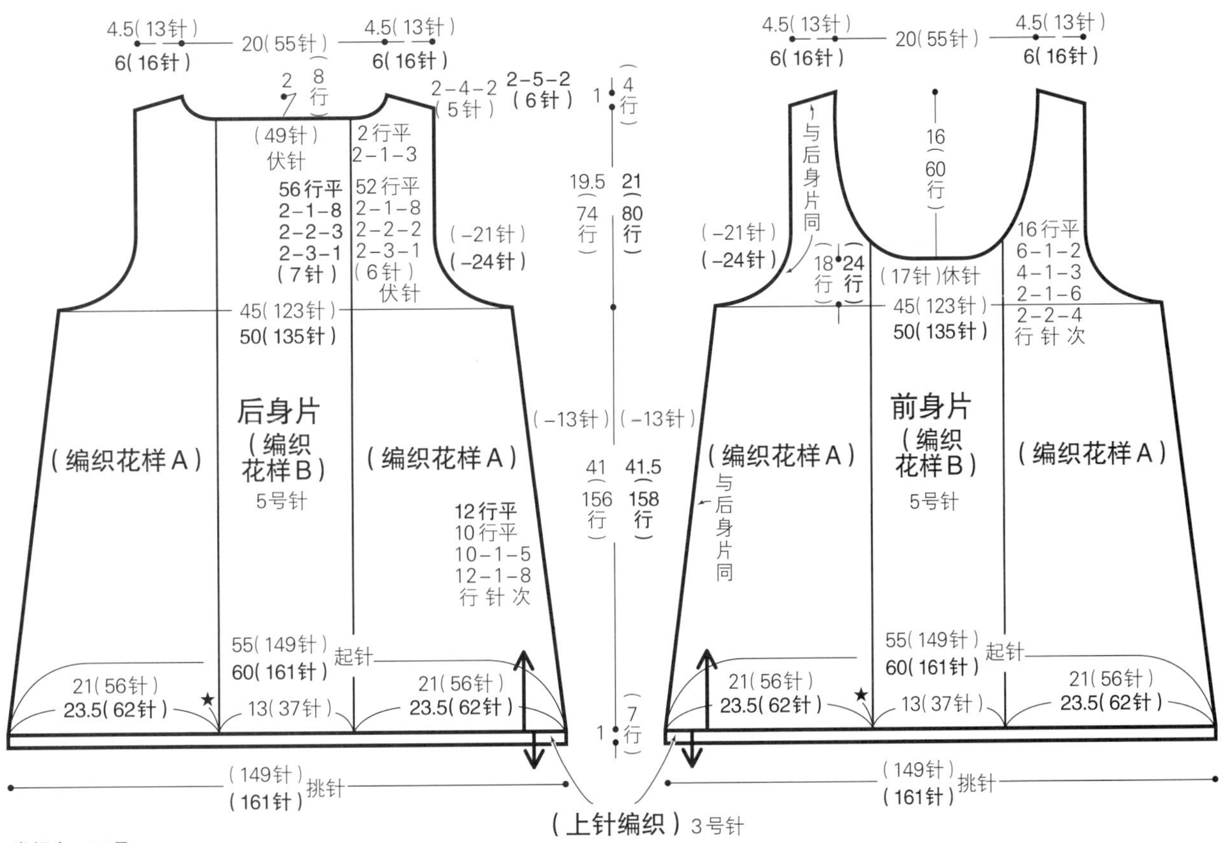

常规字＝M号
加粗字＝L号
※ 除特别指定外，与M号相同

衣领、袖窿（上针编织）3号针

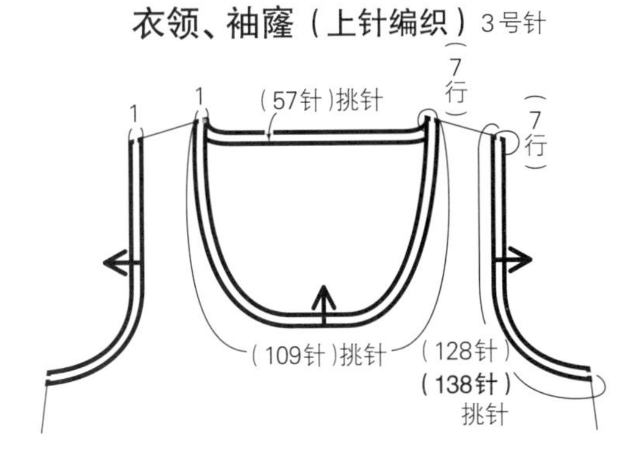

※ 下摆、衣领、袖窿的上针编织部分会往内侧卷曲，宽度为1cm

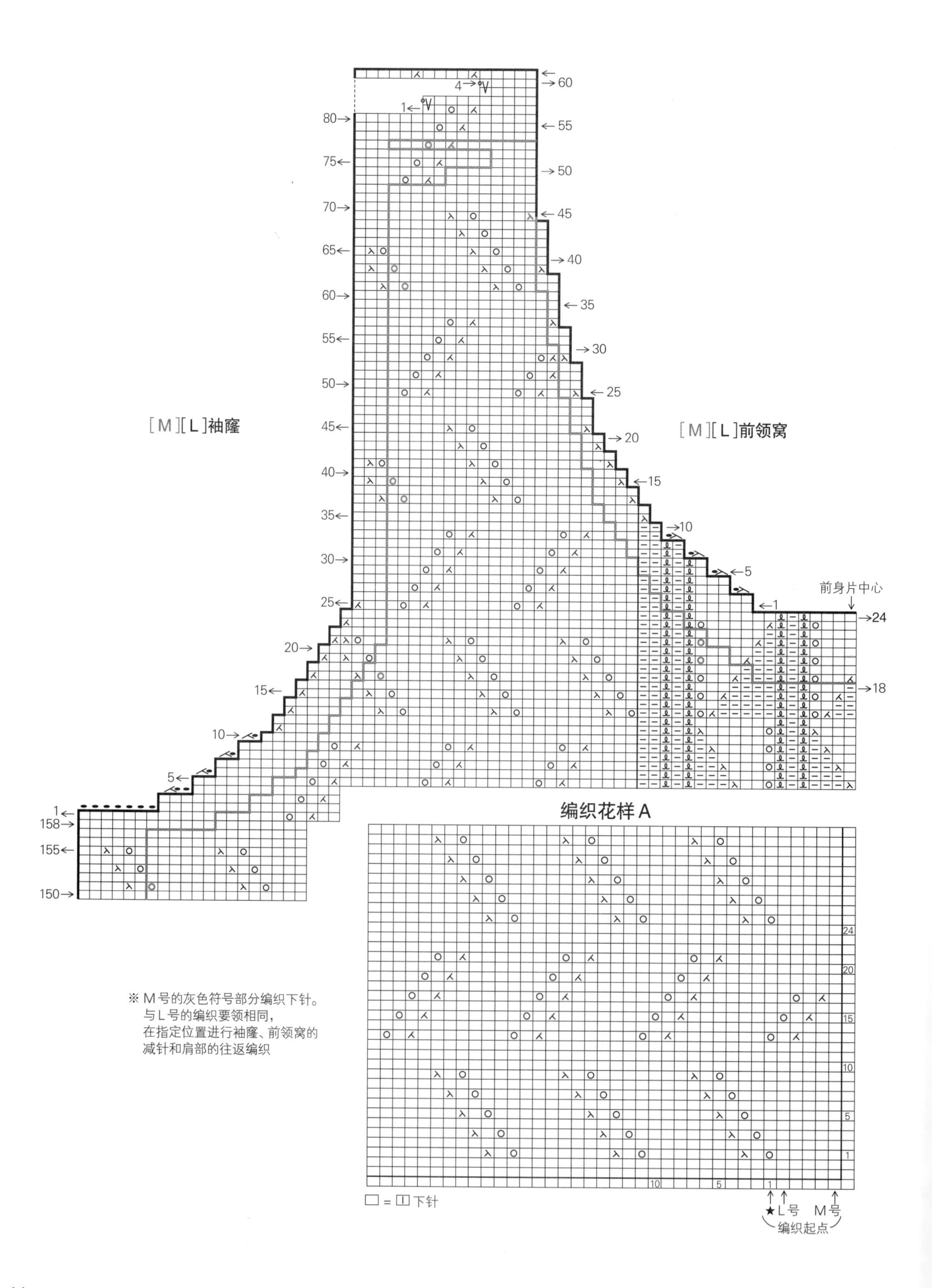
[M][L]袖窿
[M][L]前领窝
前身片中心
编织花样A
□ = ⏐ 下针
★L号 M号
编织起点
※ M号的灰色符号部分编织下针。
与L号的编织要领相同，
在指定位置进行袖窿、前领窝的
减针和肩部的往返编织

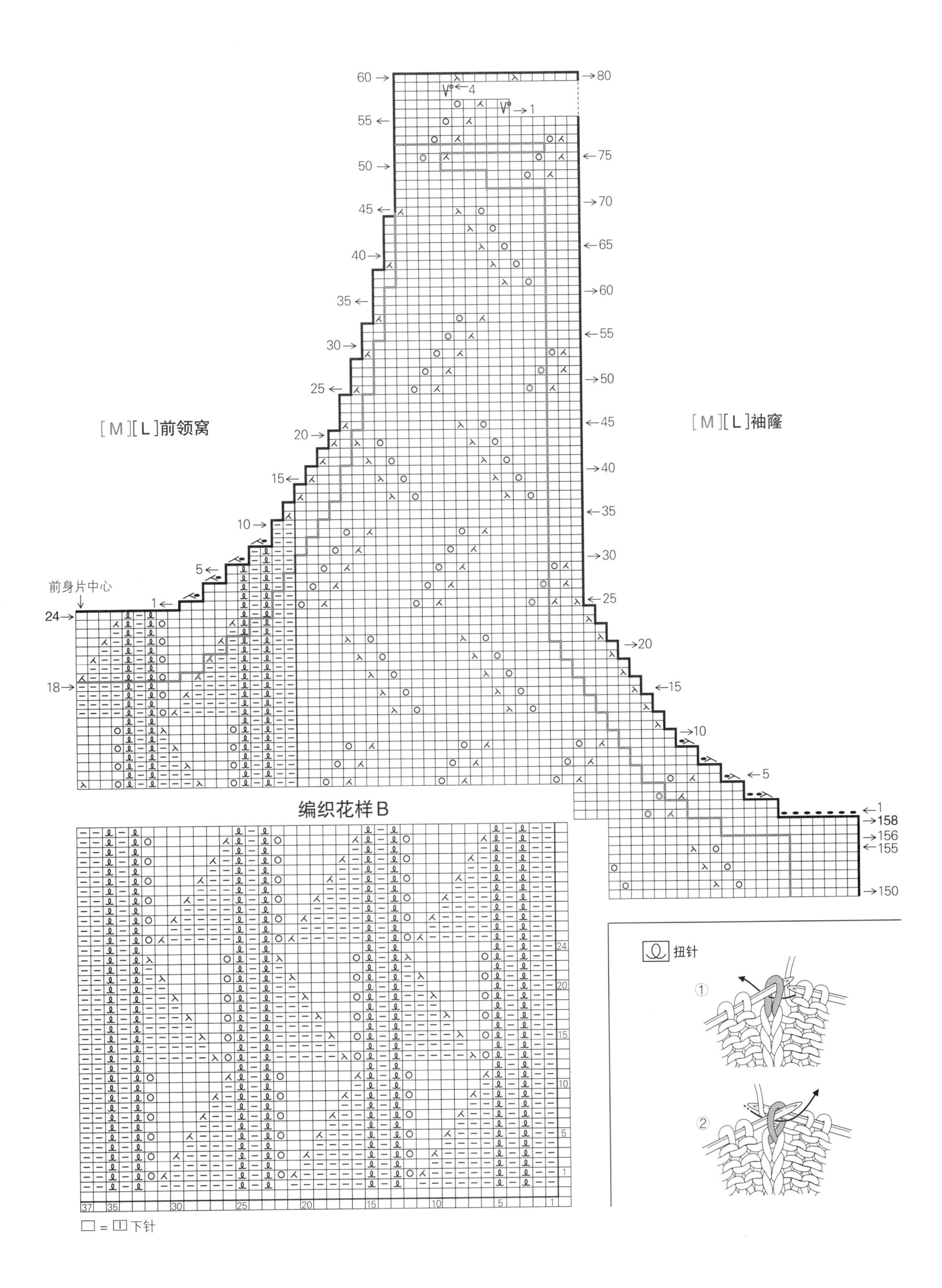

[M][L]前领窝
[M][L]袖窿
前身片中心
编织花样B
□ = ⊡ 下针
扭针
①
②

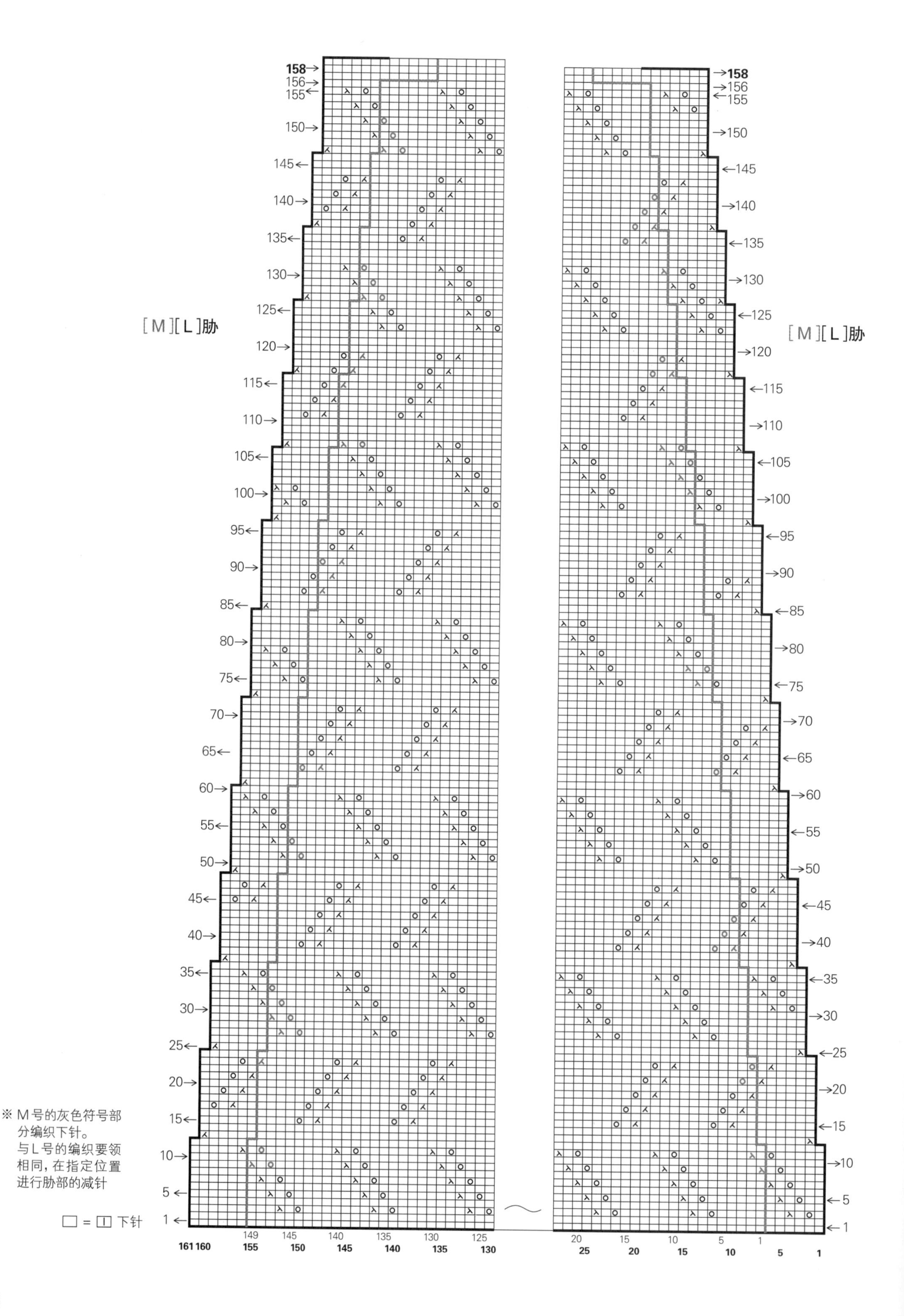
[M][L]胁
[M][L]胁
※ M号的灰色符号部分编织下针。
与L号的编织要领相同，在指定位置进行胁部的减针
□ = ⊡ 下针

5

第8页

材料 和麻纳卡 Flax K (Lamé)黄绿色（605）[M]175g/7团，[L]190g/8团；直径1.8cm的纽扣1颗（M号、L号相同）

工具 棒针6号，钩针5/0号

成品尺寸 [M]胸围98cm，肩背宽35cm，衣长43cm；[L]胸围104cm，肩背宽37cm，衣长46cm

密度 10cm×10cm面积内：编织花样22针，27行

编织方法

后身片▶手指挂线起针，按编织花样开始编织。袖窿、领窝减针时，2针及以上时编织伏针减针，1针时立起侧边1针减针。肩部休针备用。**前身片**▶前身片与后身片同样编织，手指挂线起针，按编织花样编织，但是下摆部分做加针的往返编织。前门襟的加针为卷针加针，前领斜线的减针为立起侧边1针减针。袖窿的编织方法与后身片相同。**组合**▶肩部做盖针钉缝，胁部做挑针缝合。下摆、前门襟、衣领和袖口分别用钩针挑取指定针数后做边缘编织。

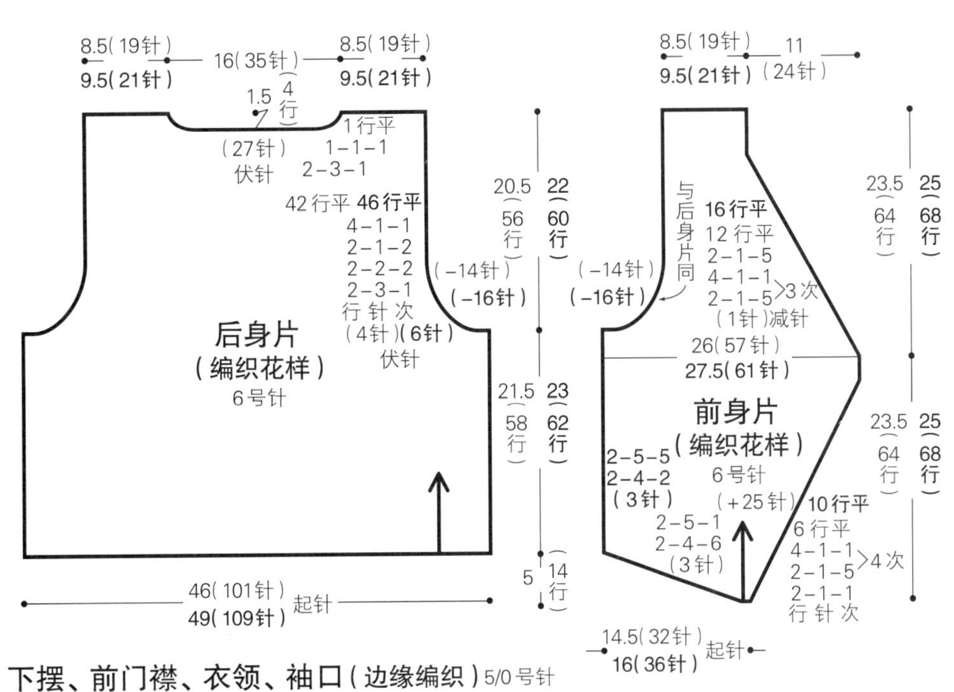

常规字=M号

加粗字=L号

※ 除特别指定外，与M号相同

下摆、前门襟、衣领、袖口（边缘编织）5/0号针

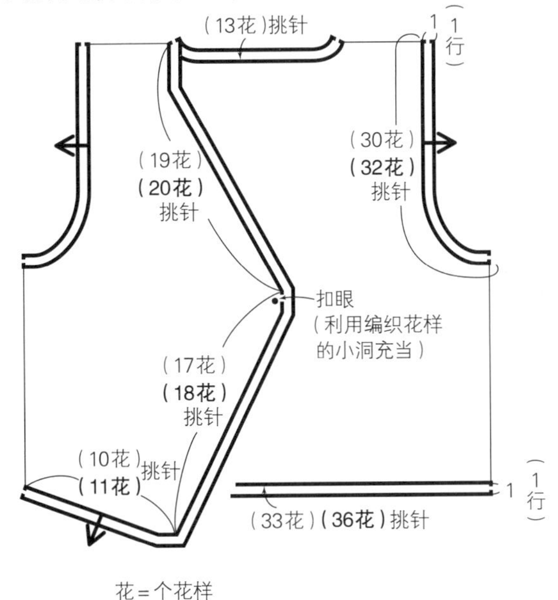

花=个花样

编织花样

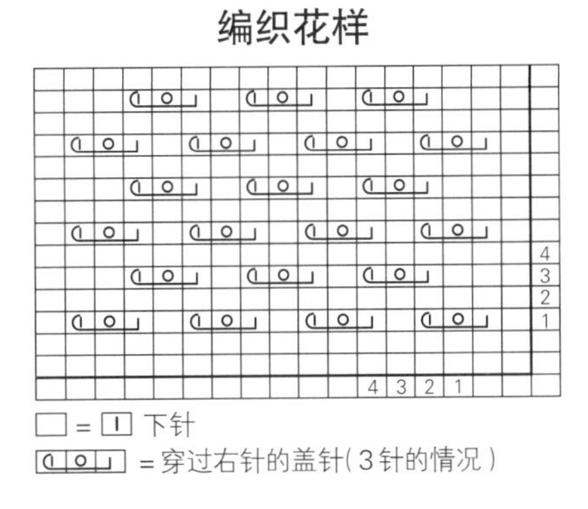

边缘编织

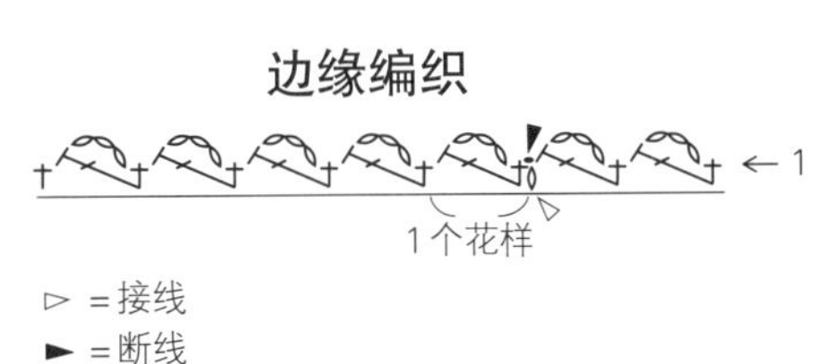

▷=接线

►=断线

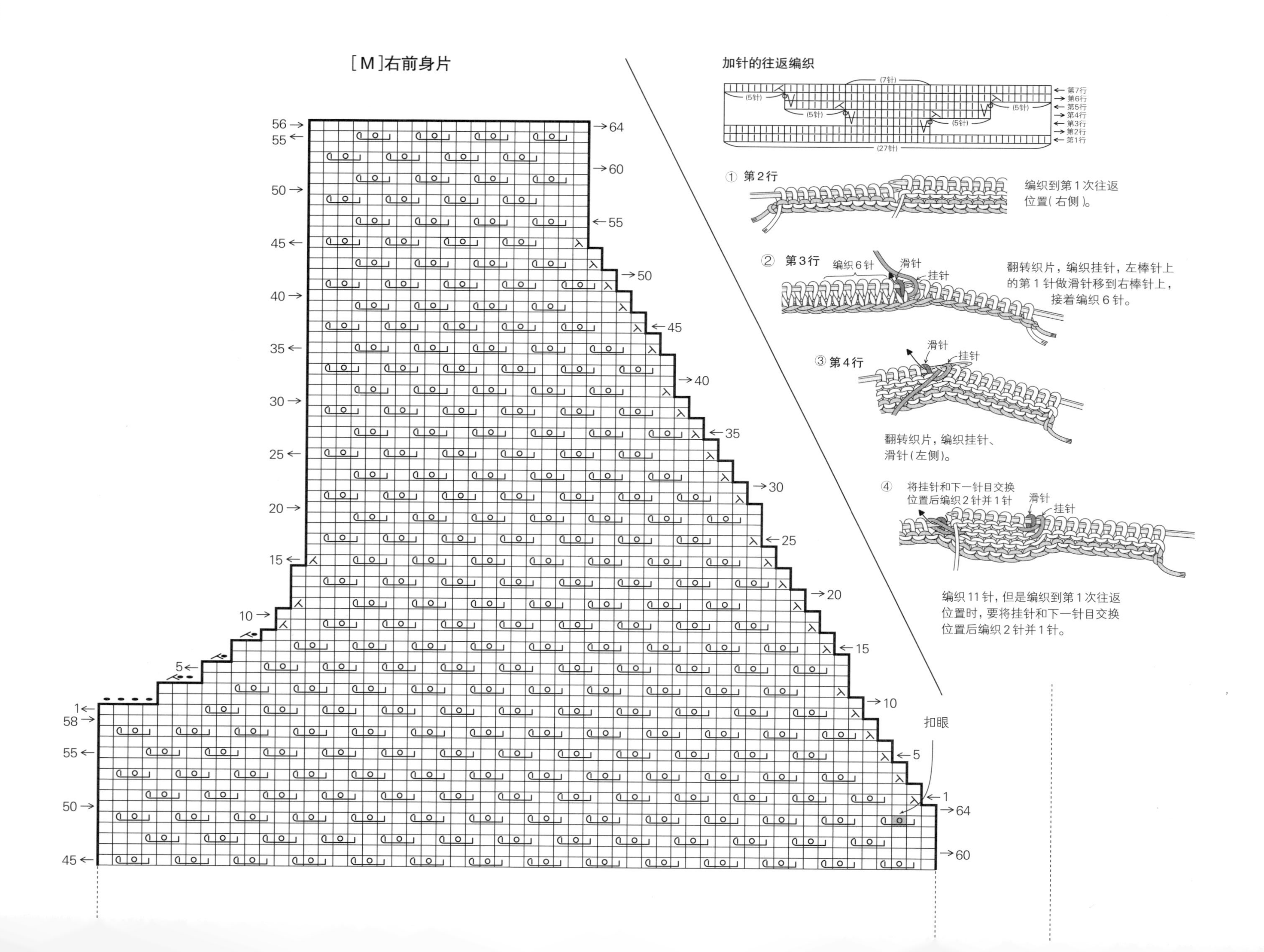

[M]右前身片
扣眼
加针的往返编织
(7针)
(5针)
(27针)
第7行
第6行
第5行
第4行
第3行
第2行
第1行
① 第2行
编织到第1次往返位置(右侧)。
② 第3行
编织6针
滑针
挂针
翻转织片，编织挂针，左棒针上的第1针做滑针移到右棒针上，接着编织6针。
③ 第4行
翻转织片，编织挂针、滑针(左侧)。
④ 将挂针和下一针目交换位置后编织2针并1针
编织11针，但是编织到第1次往返位置时，要将挂针和下一针目交换位置后编织2针并1针。

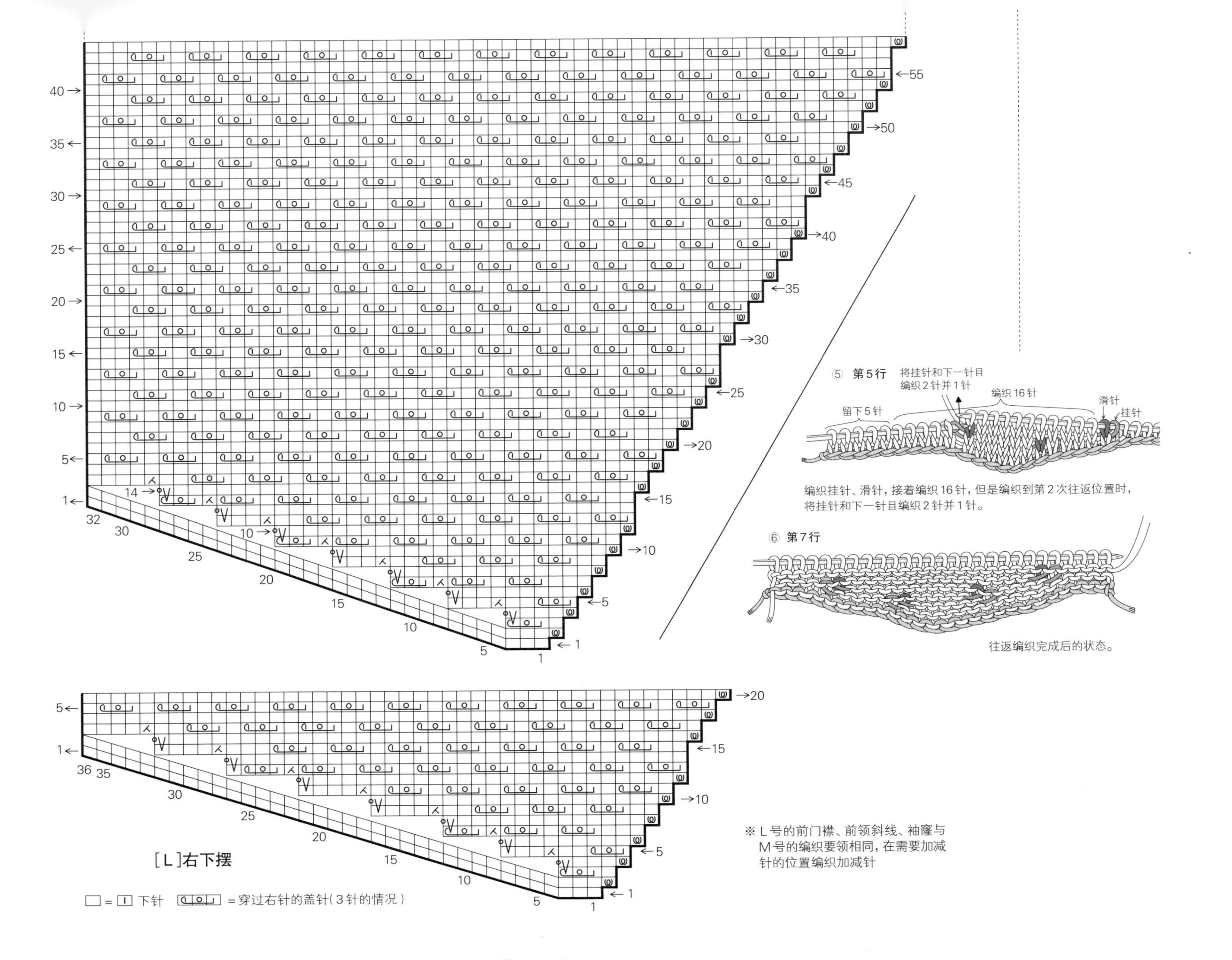

※ L号的前门襟、前领斜线、袖窿与M号的编织要领相同，在需要加减针的位置编织加减针

［M］左前身片

穿过右针的盖针（3针的情况）

① 盖住 预先改变针目方向

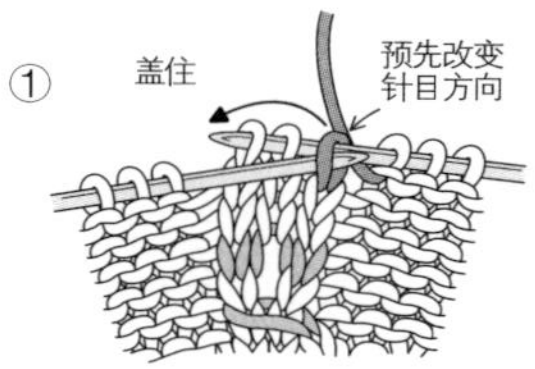

将左棒针上的3针不编织移到右棒针上，再将右侧第1针盖到左侧2针上。

②

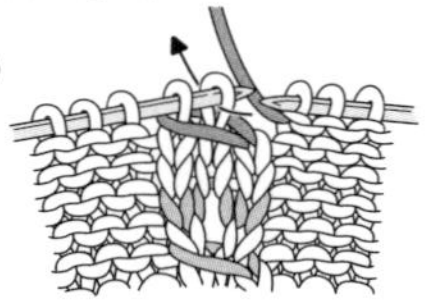

将左侧2针再移回左棒针上。编织1针下针。

③ 挂针 下针

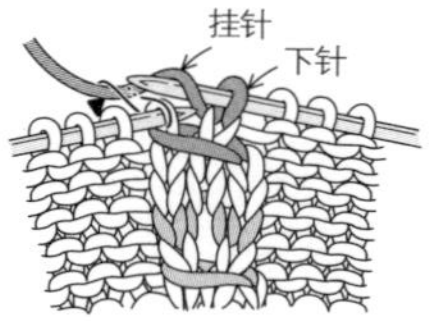

挂针，再编织1针下针。

④ 下针 挂针 下针

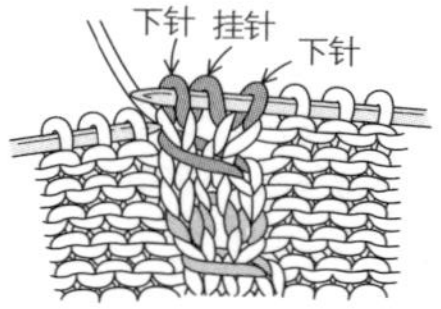

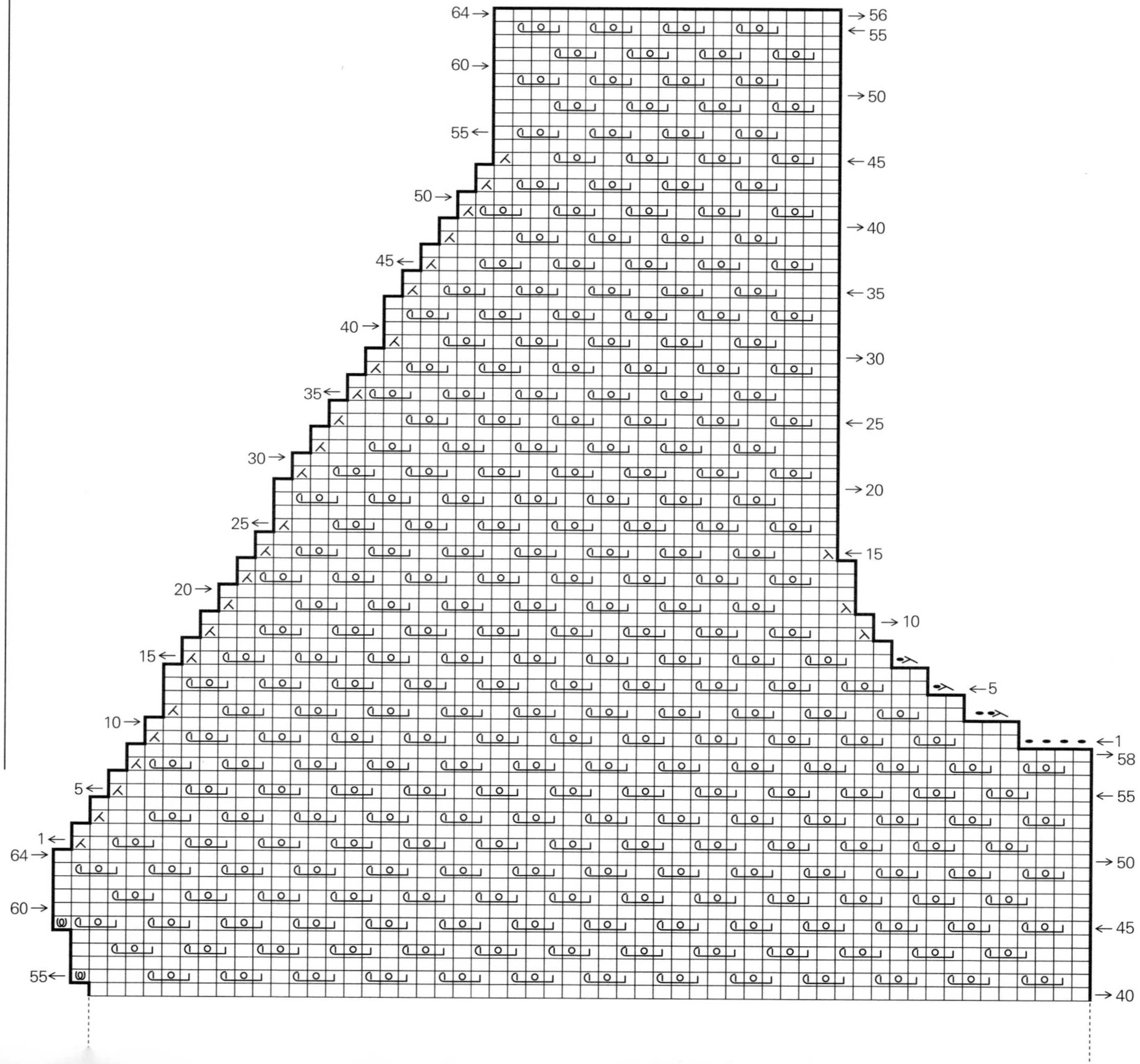

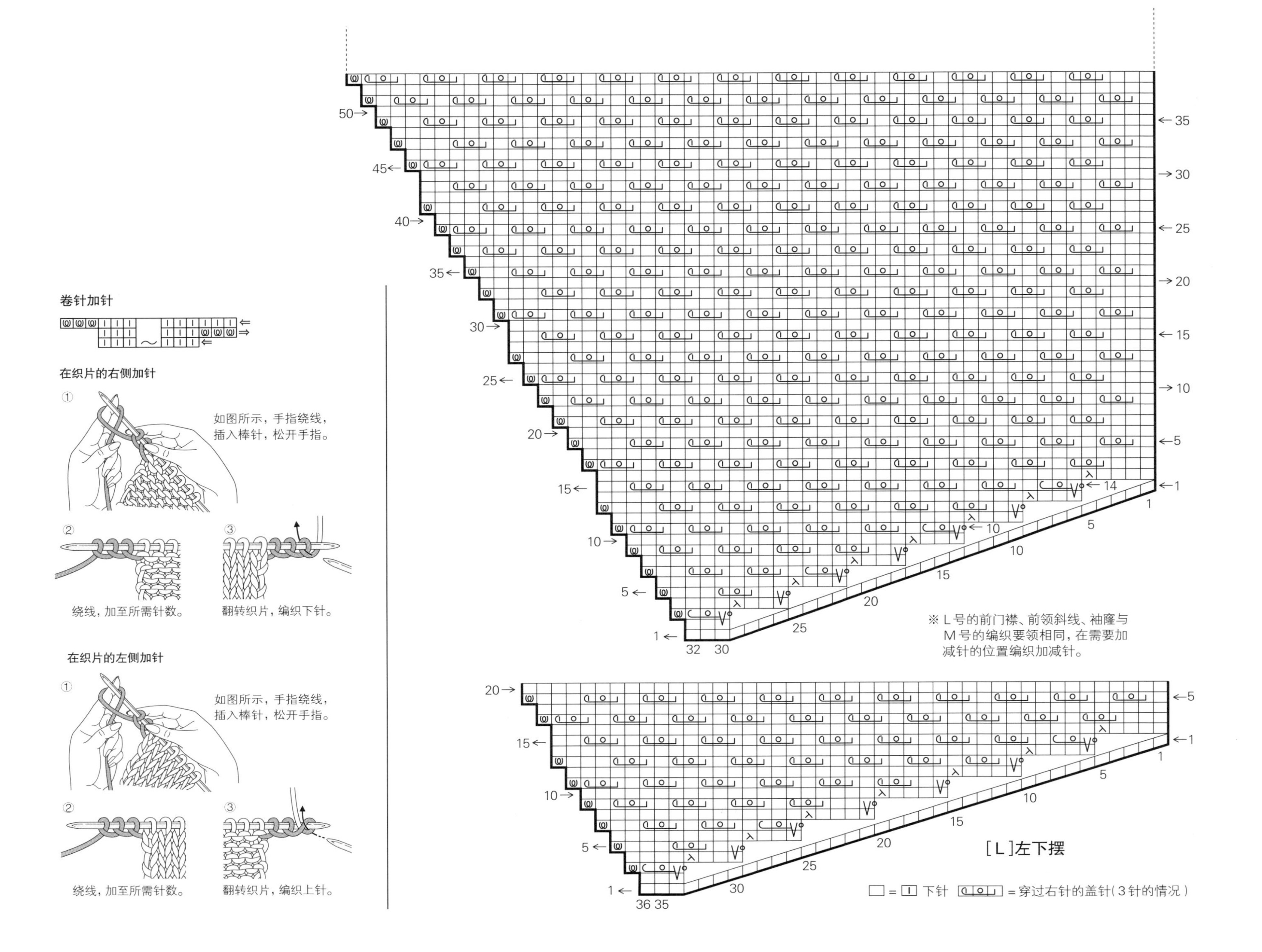
卷针加针
在织片的右侧加针
如图所示，手指绕线，插入棒针，松开手指。
绕线，加至所需针数。
翻转织片，编织下针。
在织片的左侧加针
如图所示，手指绕线，插入棒针，松开手指。
绕线，加至所需针数。
翻转织片，编织上针。
※ L号的前门襟、前领斜线、袖窿与M号的编织要领相同，在需要加减针的位置编织加减针。
[L]左下摆
□ = ⊡ 下针 = 穿过右针的盖针（3针的情况）

6

第9页

材料 和麻纳卡 Email灰米色、银色（2）[M、L相同]230g/10团；直径1.8cm的纽扣1颗

工具 棒针6号，钩针5/0号

成品尺寸 [M、L相同]衣长60cm，连肩袖长33.5cm

密度 10cm×10cm面积内：编织花样A 19针，36行；编织花样B 20针，35行

编织方法

后身片▶手指挂线起针，按编织花样A开始编织。编织100行后均匀减9针，开始做编织花样B。袖下加针时，1针时在1针内侧编织扭针加针，2针及以上时编织卷针加针。领窝减针时，2针及以上时编织伏针减针，1针时立起侧边1针减针。肩部进行留针的往返编织，编织结束时休针备用。**前身片**▶前身片与后身片同样编织。编织花样B的第1行均匀减5针。前领斜线的减针为立起侧边1针减针。**组合**▶肩部做盖针钉缝，胁部做挑针缝合。前门襟、衣领和袖口分别用钩针挑取指定针数后做边缘编织。在右前门襟上编织扣眼。

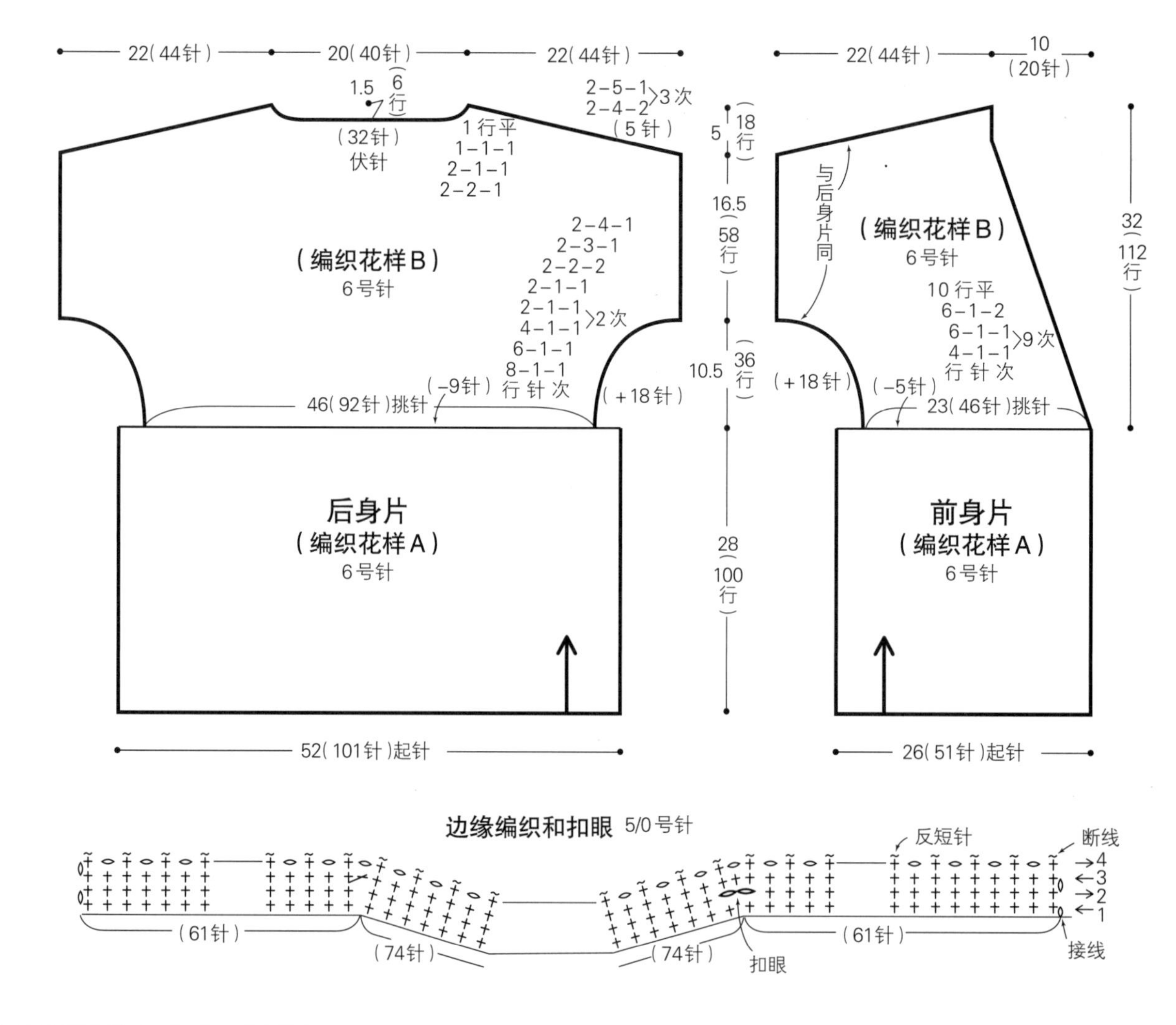

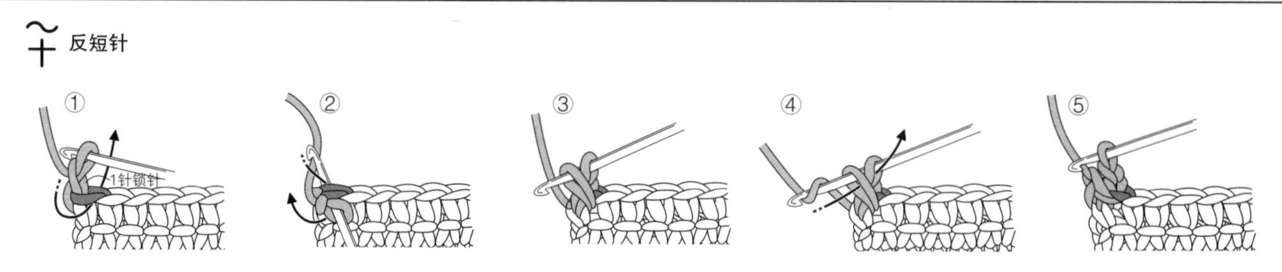

编织花样A

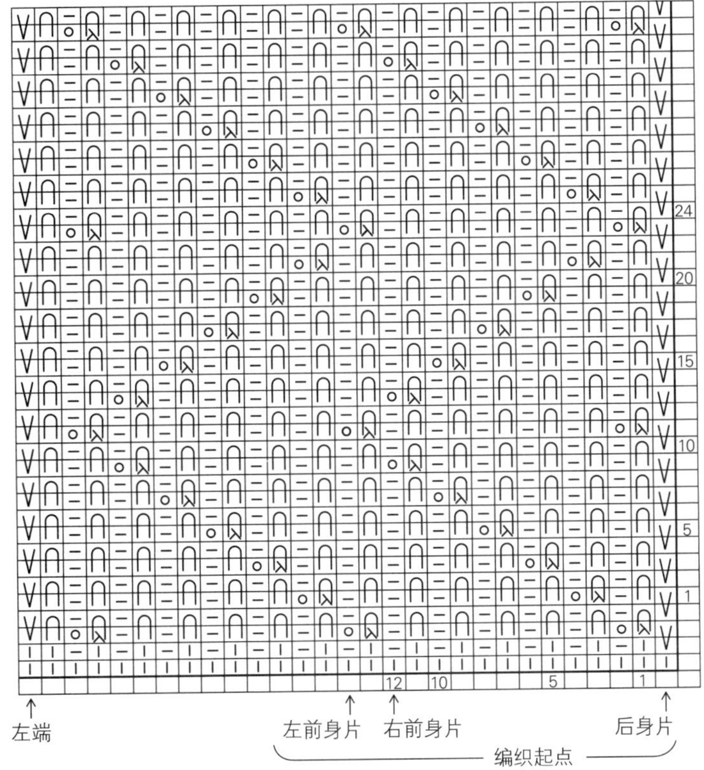

= 拉针(第3行是下针)与左侧相邻的上针编织右上2针并1针，再编织挂针

编织花样B

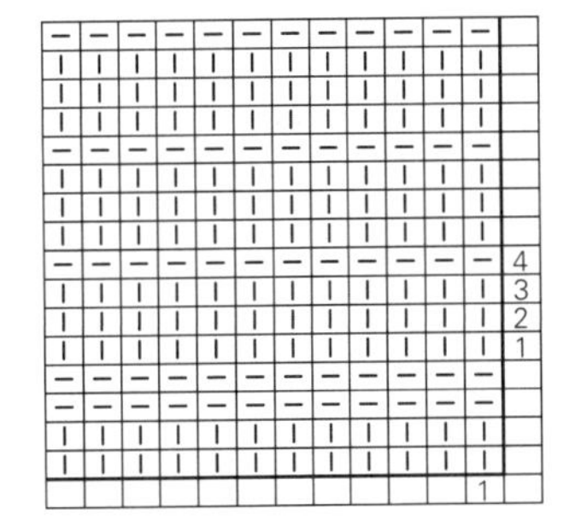

编织方法

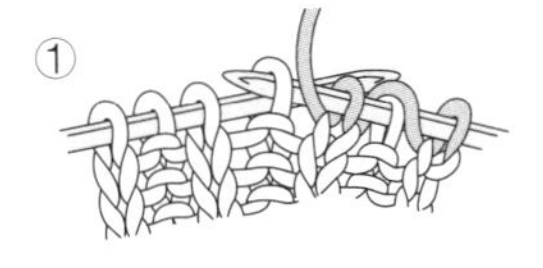

① 从反面编织时，挂线后，左棒针上的1针上针不编织，移至右棒针上。

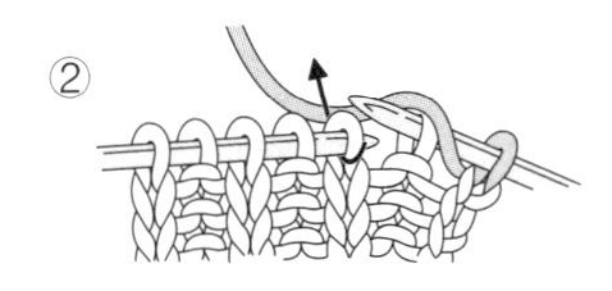

② 下针针目正常编织下针。

③ 从正面编织时，前一行的拉针不编织，直接移到右棒针上，接下来的1针编织下针。

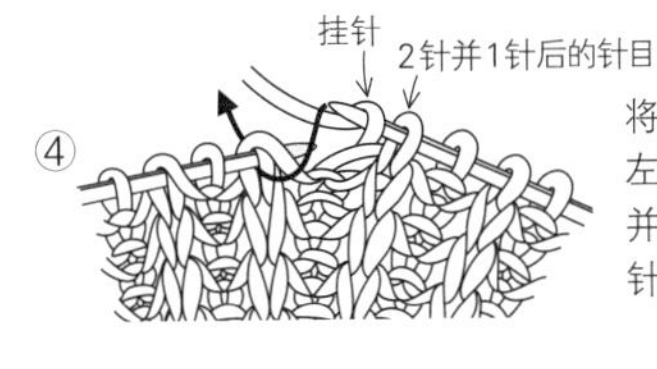

④ 将移至右棒针上的拉针盖在左侧针目上，完成右上2针并1针。挂针，接下来的拉针编织下针。

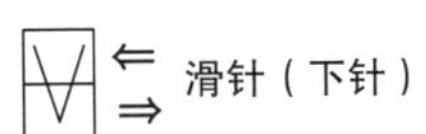

滑针（下针）　　滑针（上针）

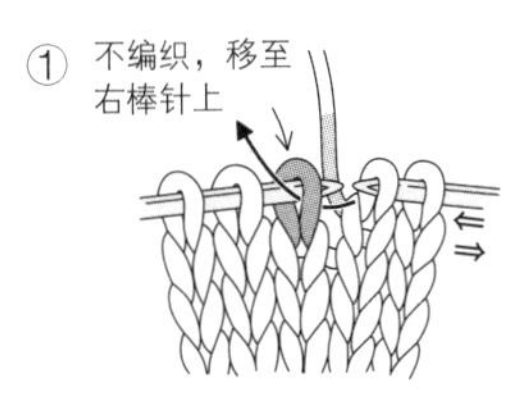

① 不编织，移至右棒针上

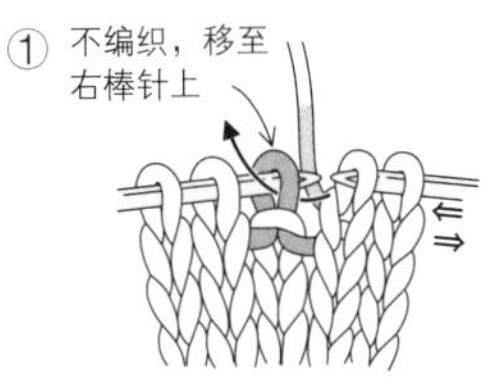

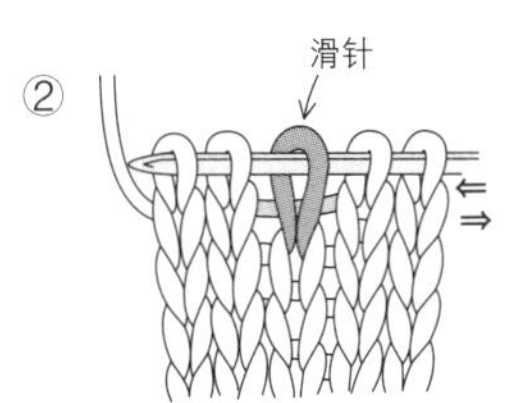

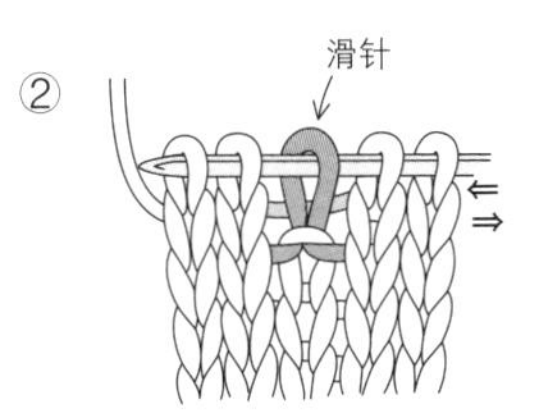

前门襟、衣领、袖口（边缘编织）5/0号针

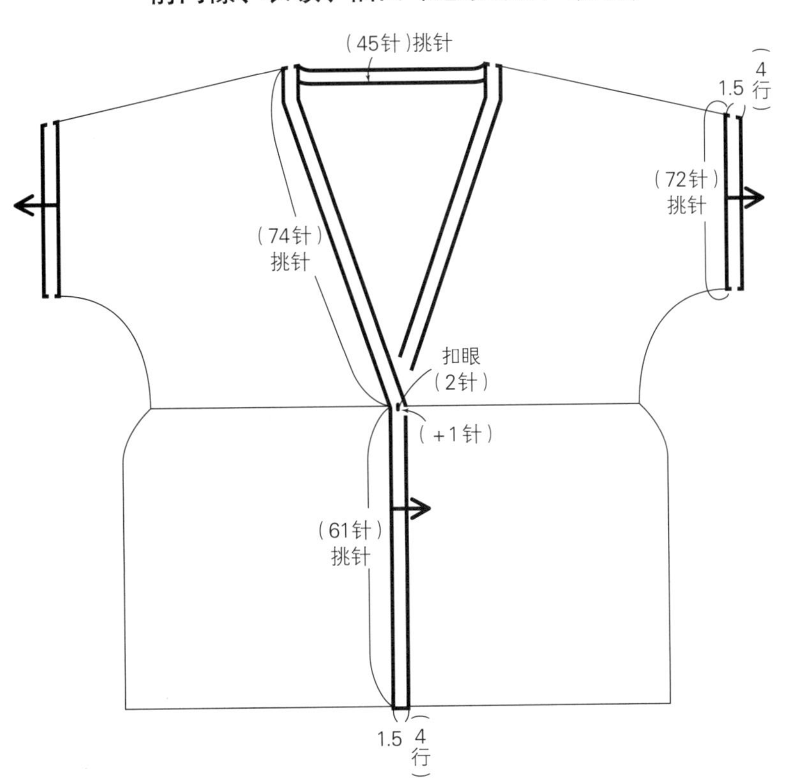

7

第10页

材料 和麻纳卡 Wash Cotton[M]灰色（14）270g/7团，[L]淡紫色（25）300g/8团

工具 棒针5、3号

成品尺寸 [M]胸围92cm，肩背宽36cm，衣长51.5cm，袖长18cm；[L]胸围100cm，肩背宽38cm，衣长53.5cm，袖长18cm

密度 10cm×10cm面积内：编织花样23针，32行

编织方法

前、后身片▶另线锁针起针，按编织花样开始编织。袖窿、领窝减针时，2针及以上时编织伏针减针，1针时立起侧边1针减针。肩部进行留针的往返编织，编织结束时休针备用。下摆拆开另线锁针挑针，做下针编织，编织结束时做伏针收针。**袖子**▶与前、后身片同样编织。袖下加针时，在1针内侧编织扭针加针。袖山减针时，2针及以上时编织伏针减针，1针时立起侧边1针减针。**组合**▶肩部做盖针钉缝，胁部做挑针缝合。衣领从领窝挑取指定针数后环形做下针编织，编织结束时做伏针收针。袖子与身片做引拔接合。

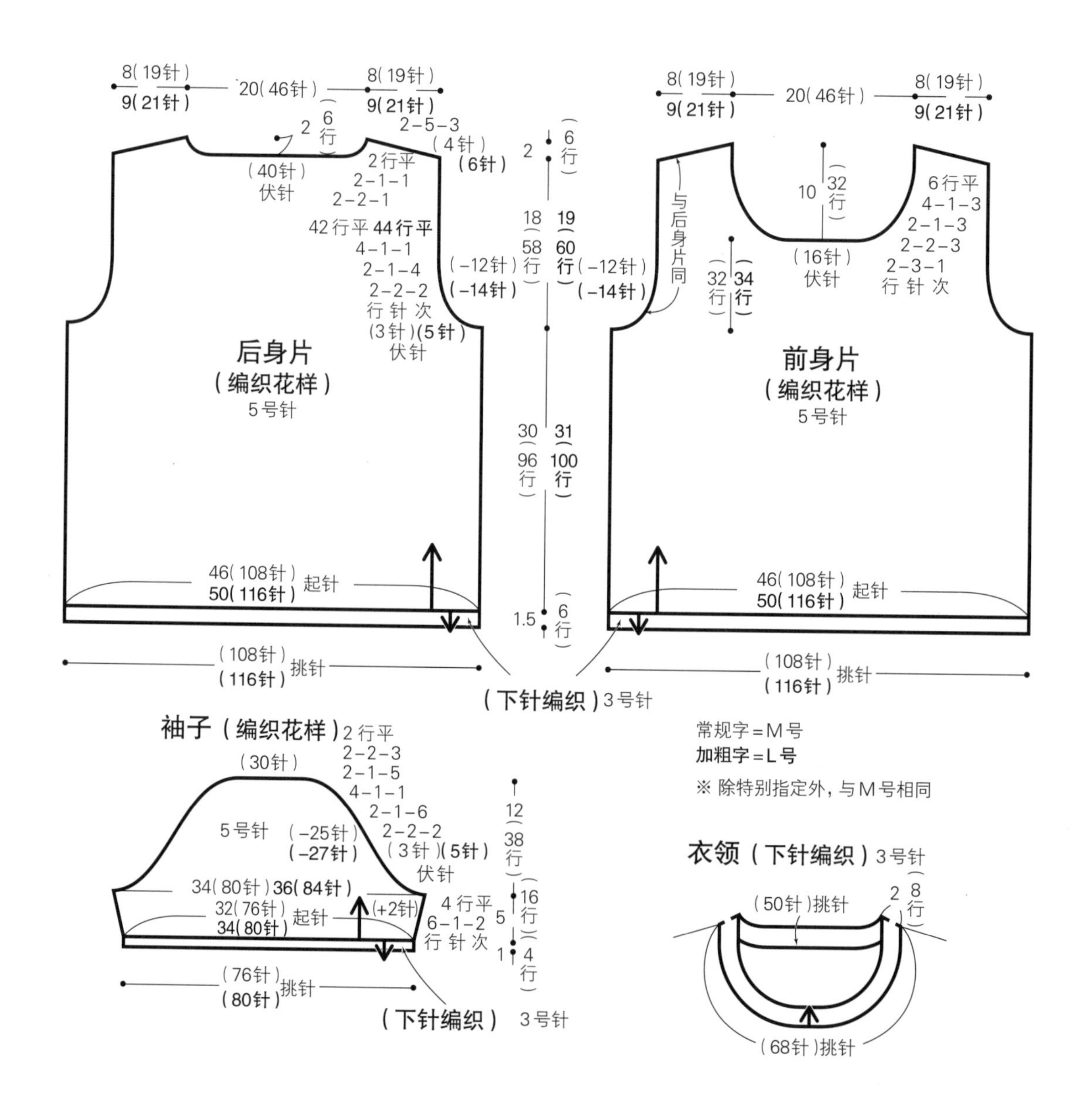

[M][L]袖

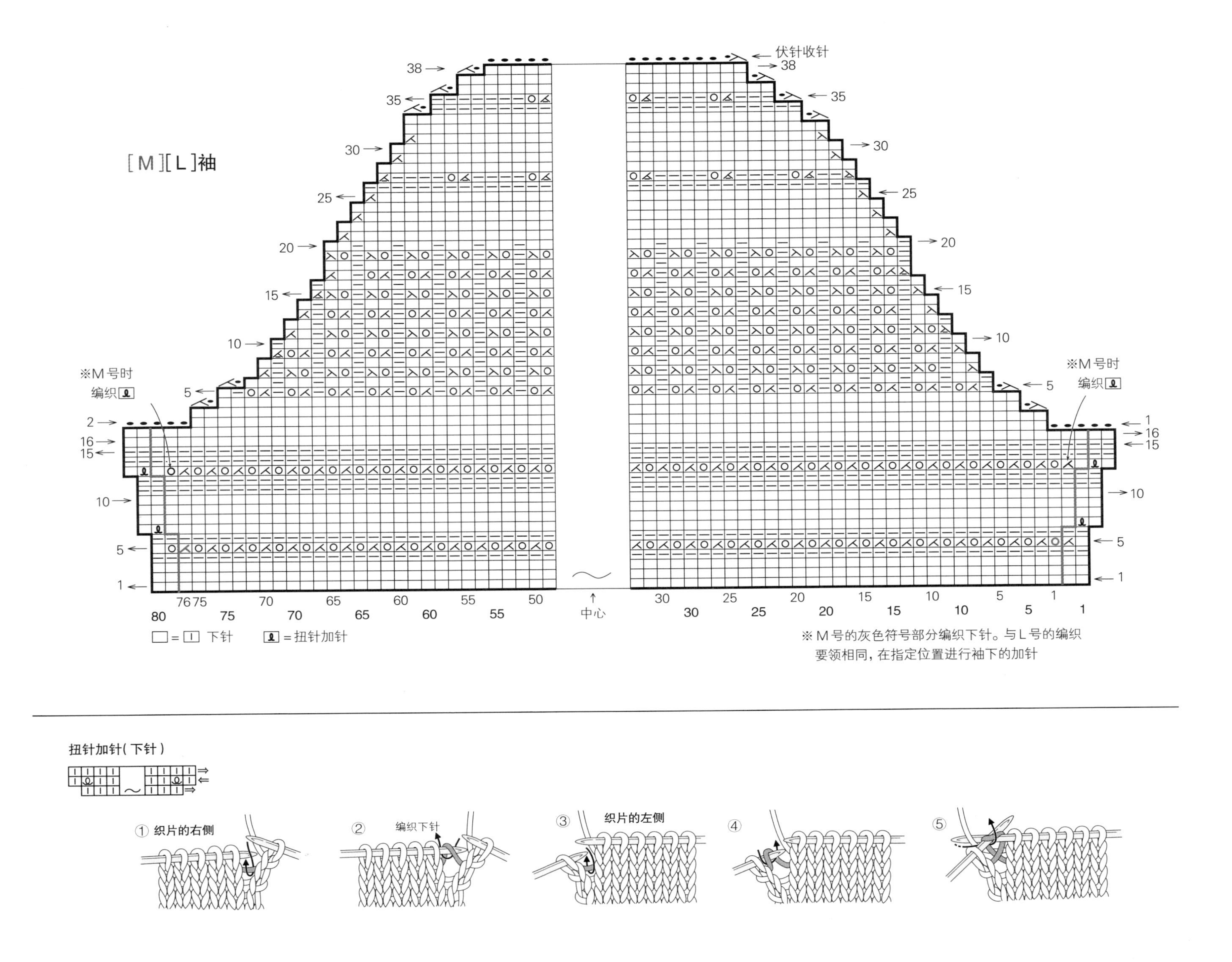

伏针收针
※M号时
编织 ℓ
中心
□ = | 下针
ℓ = 扭针加针
※M号的灰色符号部分编织下针。与L号的编织要领相同，在指定位置进行袖下的加针
扭针加针（下针）
① 织片的右侧
② 编织下针
③ 织片的左侧
④
⑤

编织花样

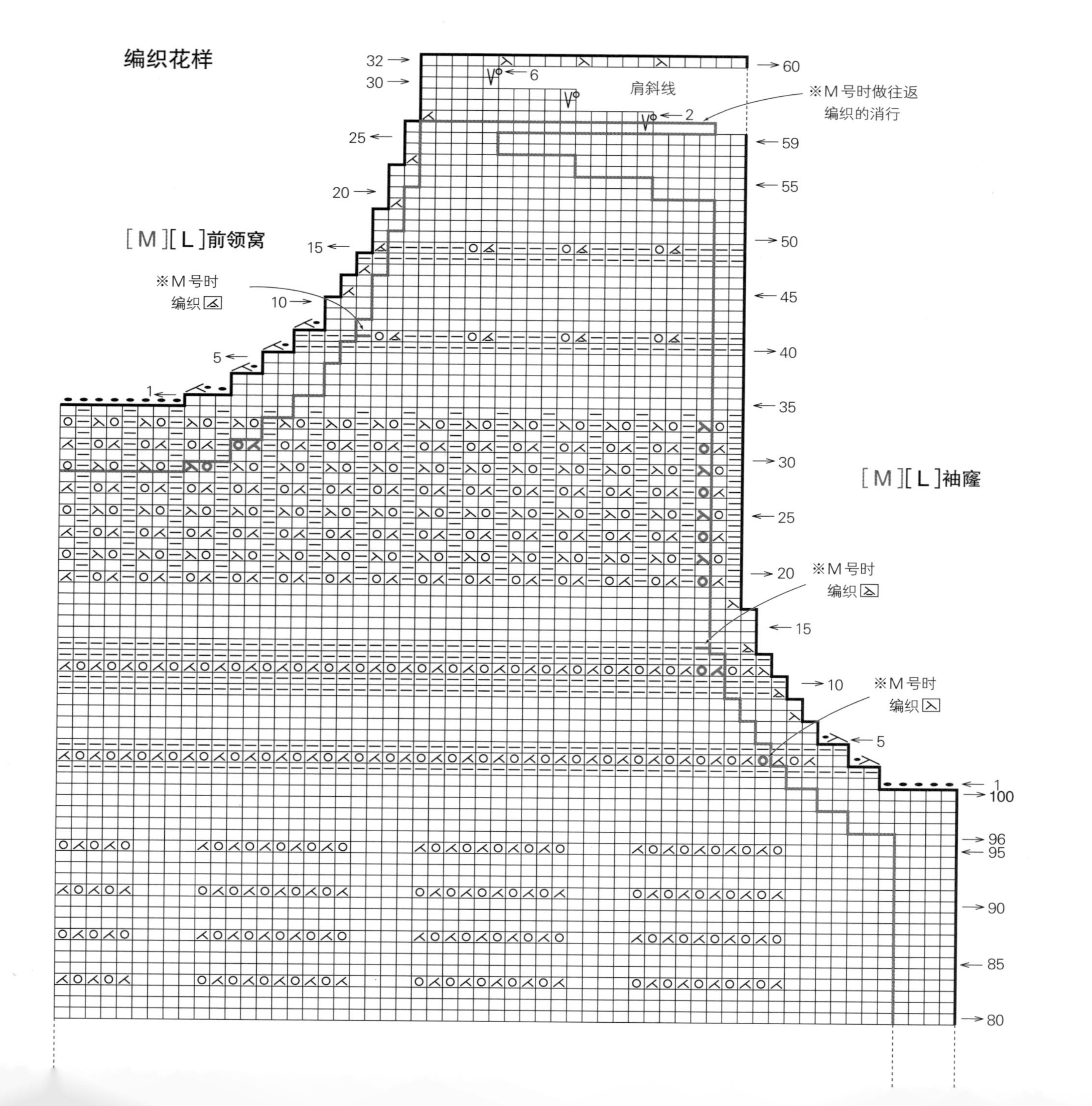

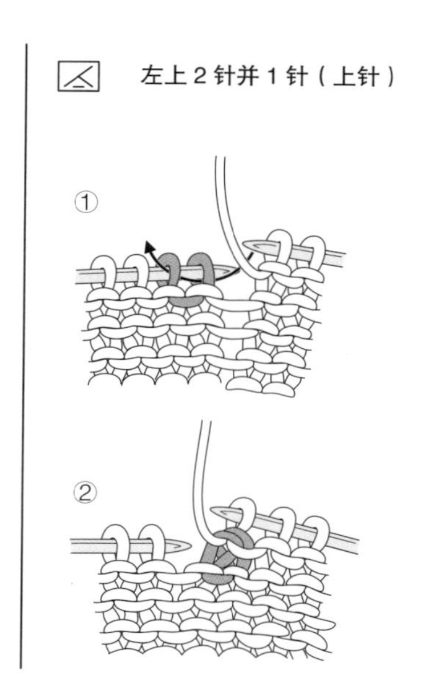

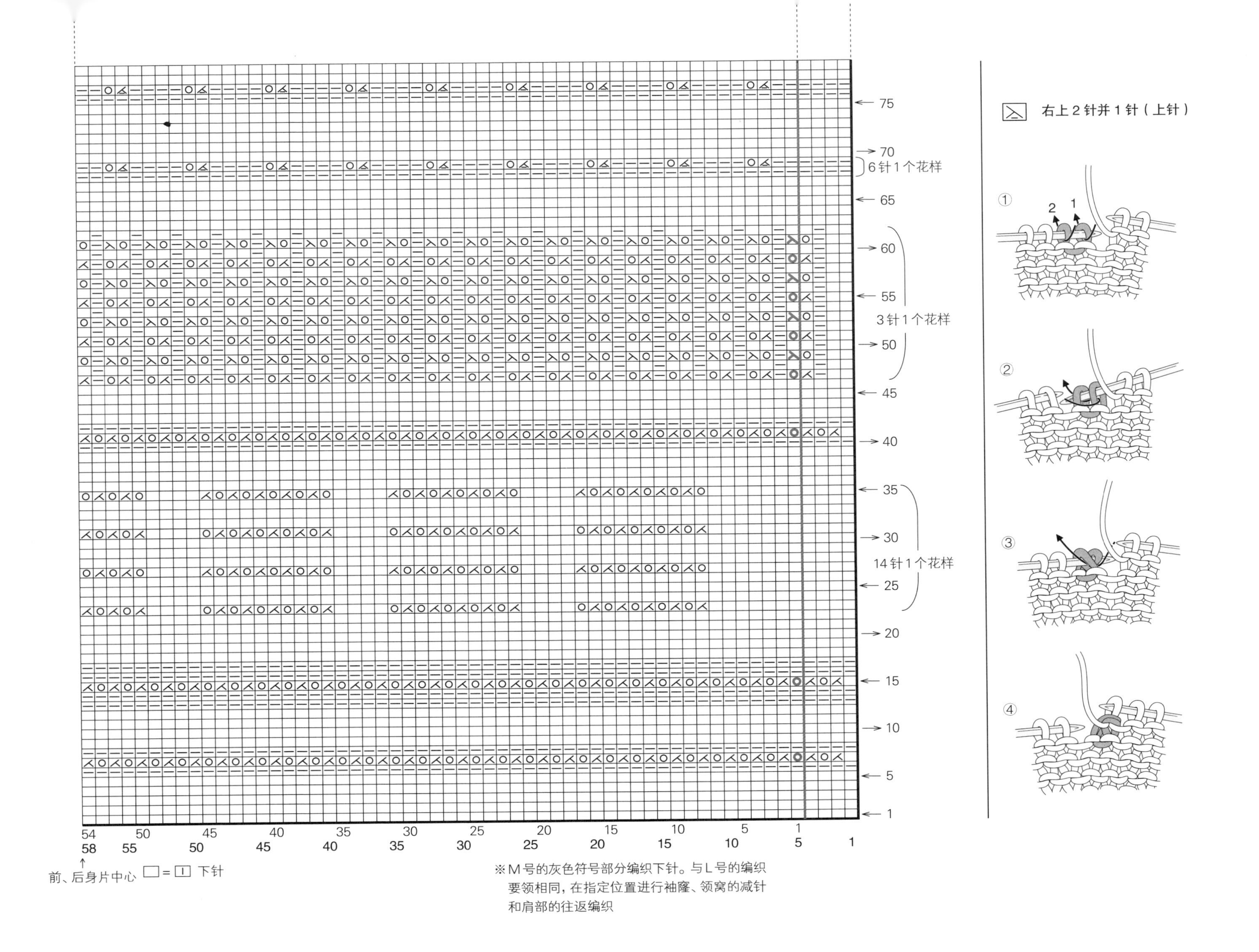

75
70
6针1个花样
65
60
55
3针1个花样
50
45
40
35
30
14针1个花样
25
20
15
10
5
1
54 50 45 40 35 30 25 20 15 10 5 1
58 55 50 45 40 35 30 25 20 15 10 5 1
前、后身片中心
□ = ⊟ 下针
※M号的灰色符号部分编织下针。与L号的编织要领相同，在指定位置进行袖窿、领窝的减针和肩部的往返编织
右上2针并1针（上针）
①
2
1
②
③
④

9

第14页

材料 和麻纳卡 Flax K浅咖啡色（13）[M、L相同]265g/11团

工具 棒针5、4号

成品尺寸 [M、L相同]衣长51cm，连肩袖长25.5cm

密度 10cm×10cm面积内：编织花样18.5针，32行；单罗纹针37.5针，32.5行

编织方法

后身片▶另线锁针起针，按编织花样开始编织。肩部进行留针的往返编织，编织结束时休针备用。**前身片▶**前身片与后身片同样编织。前门襟、领窝参照图示减针。肩部与后身片同样编织，编织结束时休针备用。**细绳、下摆▶**另线锁针起针，参照图示一边加减针一边编织。编织结束时，在5个针目中穿2次线后拉紧。编织起点处也拆开另线锁针，同样在针目中穿2次线后拉紧。**组合▶**肩部做盖针钉缝，胁部做挑针缝合。前门襟、领窝、袖口分别挑取指定针数后做下针编织，编织结束时做伏针收针。拆开身片起针时的另线锁针后挑针，与下摆做针与行对齐缝合。

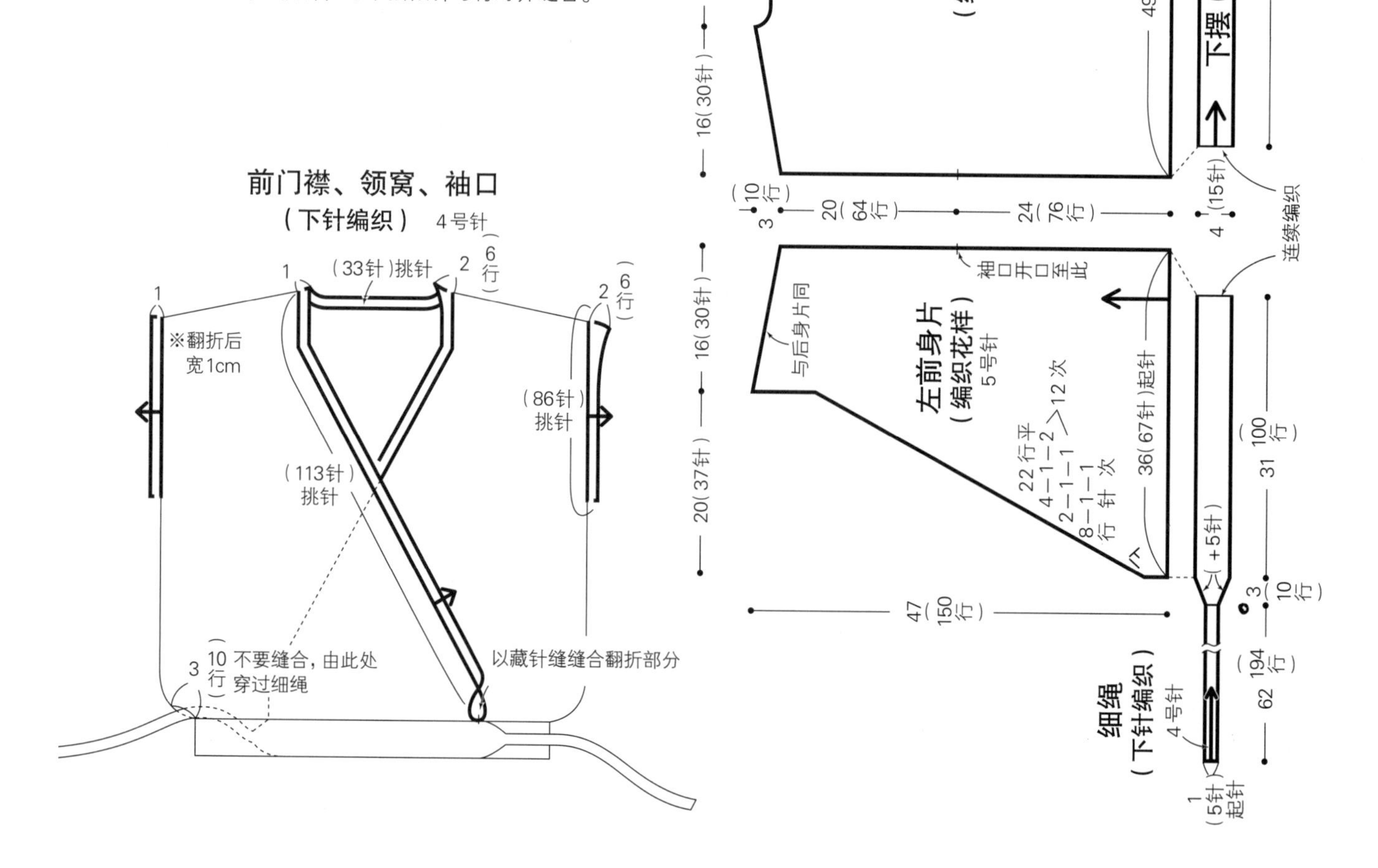

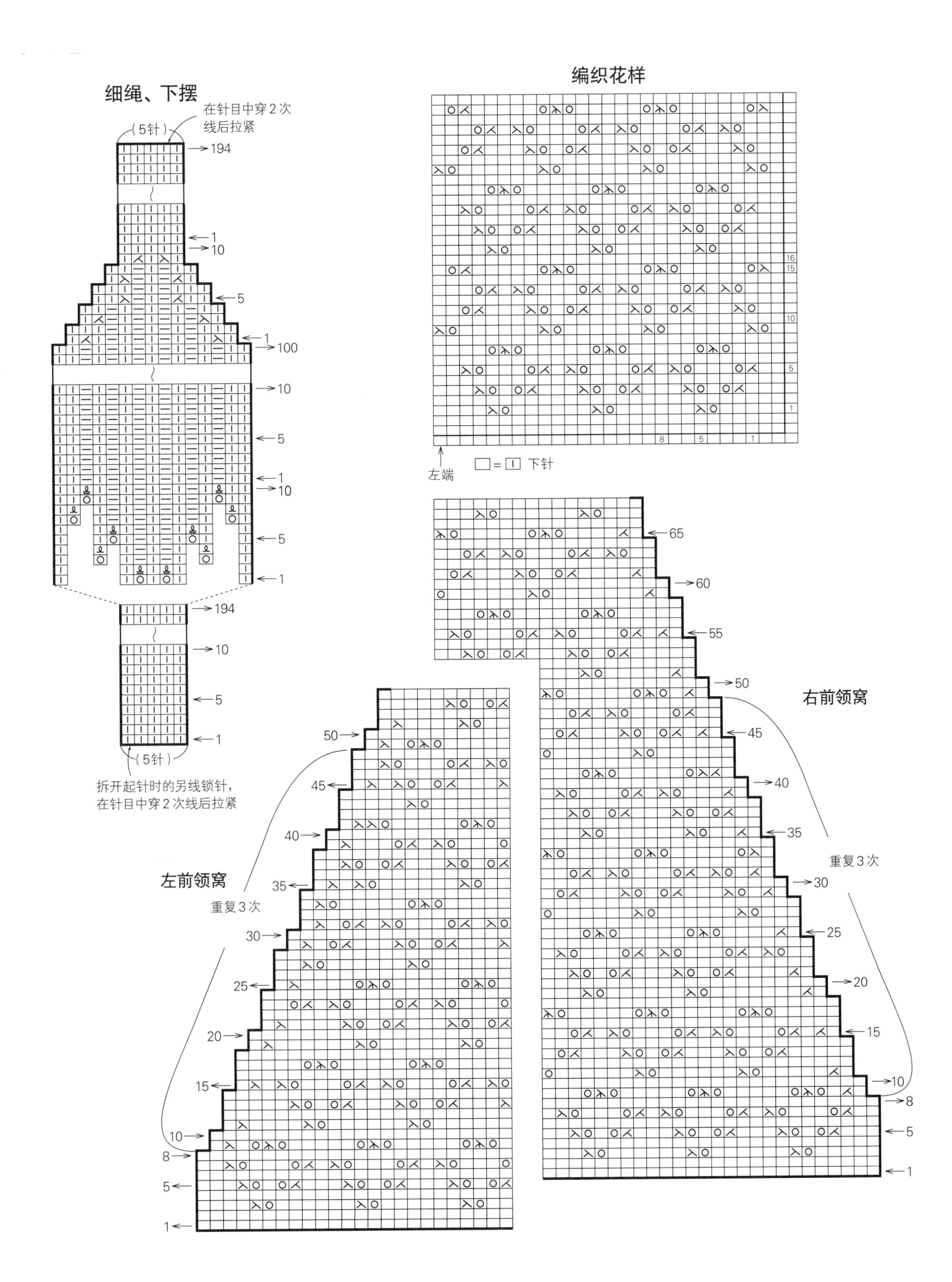
细绳、下摆
在针目中穿2次线后拉紧
(5针)
194
1
10
5
1
100
10
5
1
10
5
1
194
10
5
1
(5针)
拆开起针时的另线锁针，在针目中穿2次线后拉紧
编织花样
16
15
10
5
1
8
5
1
左端
□=□ 下针
右前领窝
65
60
55
50
45
40
35
30
25
20
15
10
8
5
1
重复3次
左前领窝
50
45
40
35
30
25
20
15
10
8
5
1
重复3次

后领窝

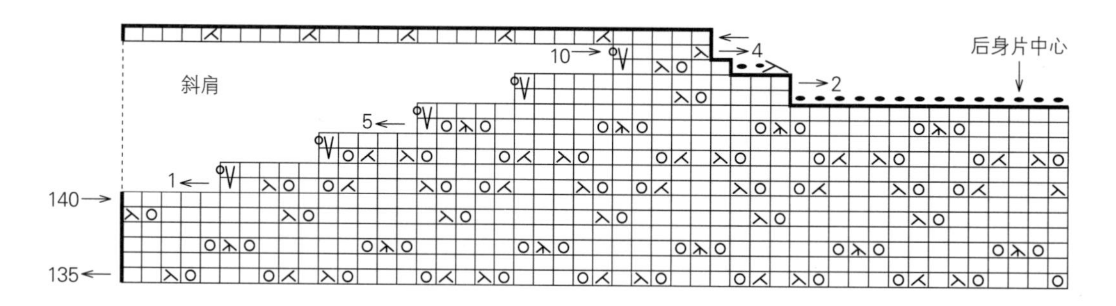
斜肩
后身片中心
10
4
2
5
1
140
135

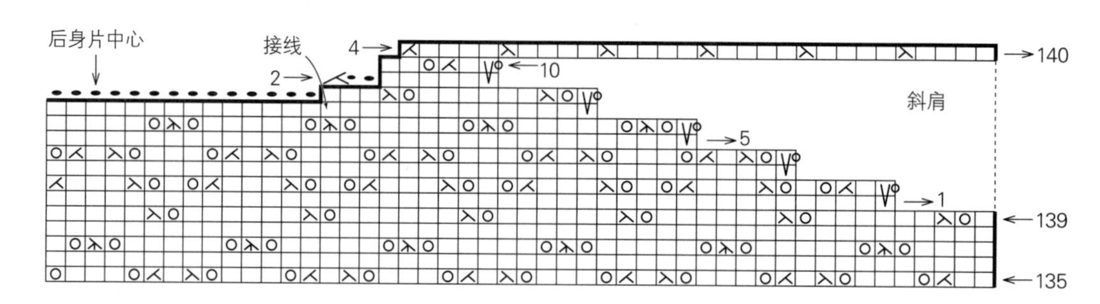
后身片中心
接线
4
2
10
5
1
140
139
135
斜肩

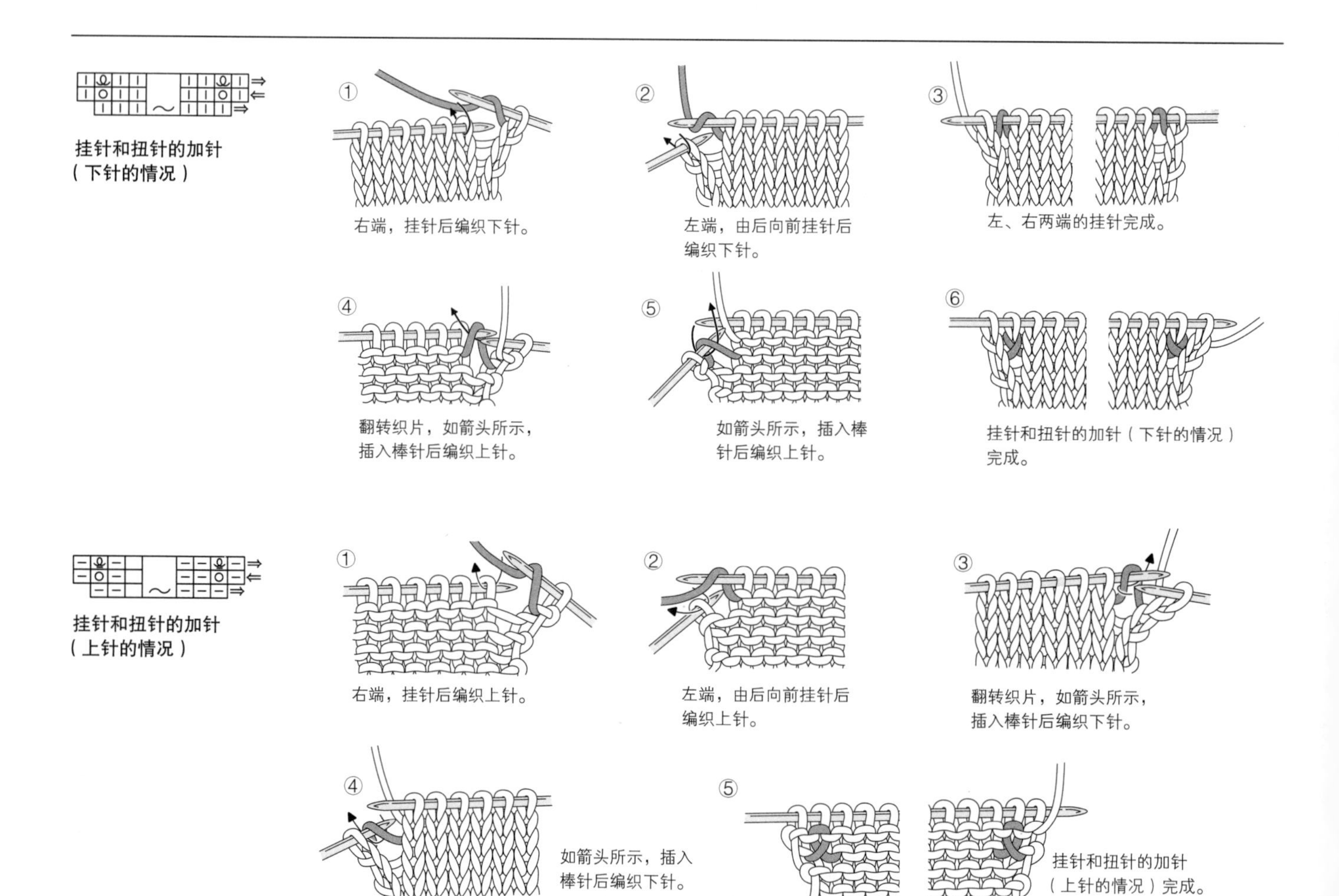
挂针和扭针的加针
（下针的情况）
①
右端，挂针后编织下针。
②
左端，由后向前挂针后编织下针。
③
左、右两端的挂针完成。
④
翻转织片，如箭头所示，插入棒针后编织上针。
⑤
如箭头所示，插入棒针后编织上针。
⑥
挂针和扭针的加针（下针的情况）完成。
挂针和扭针的加针
（上针的情况）
①
右端，挂针后编织上针。
②
左端，由后向前挂针后编织上针。
③
翻转织片，如箭头所示，插入棒针后编织下针。
④
如箭头所示，插入棒针后编织下针。
⑤
挂针和扭针的加针（上针的情况）完成。

8

第13页

材料　和麻纳卡 Claune白色、紫色系段染（1）[M、L相同]210g/9团；直径1.2cm的装饰扣1颗；宽2.5cm的别针

工具　棒针5号，钩针4/0号

成品尺寸　[M、L相同]衣长64cm，连肩袖长28.5cm

密度　10cm×10cm面积内：下针编织24针，30.5行；编织花样22针，25行

编织方法

后身片▶手指挂线起针，开始做下针编织。胁部、☆、领窝的减针，2针及以上时编织伏针减针，1针时立起侧边1针减针。胁部、袖口位置加针时，在1针内侧编织扭针加针。编织结束时做伏针收针。**前身片**▶手指挂线起7针，参照图示，按编织花样由中心向左、右对称编织。编织结束时做伏针收针。**组合**▶胁部将相同标记处（○与○、△与△）对齐做挑针缝合。后身片肩线以上部分在肩线处翻折，与前身片在相同标记处（☆与☆）做针与行对齐缝合。下摆、前门襟、衣领和袖口分别用钩针做边缘编织。

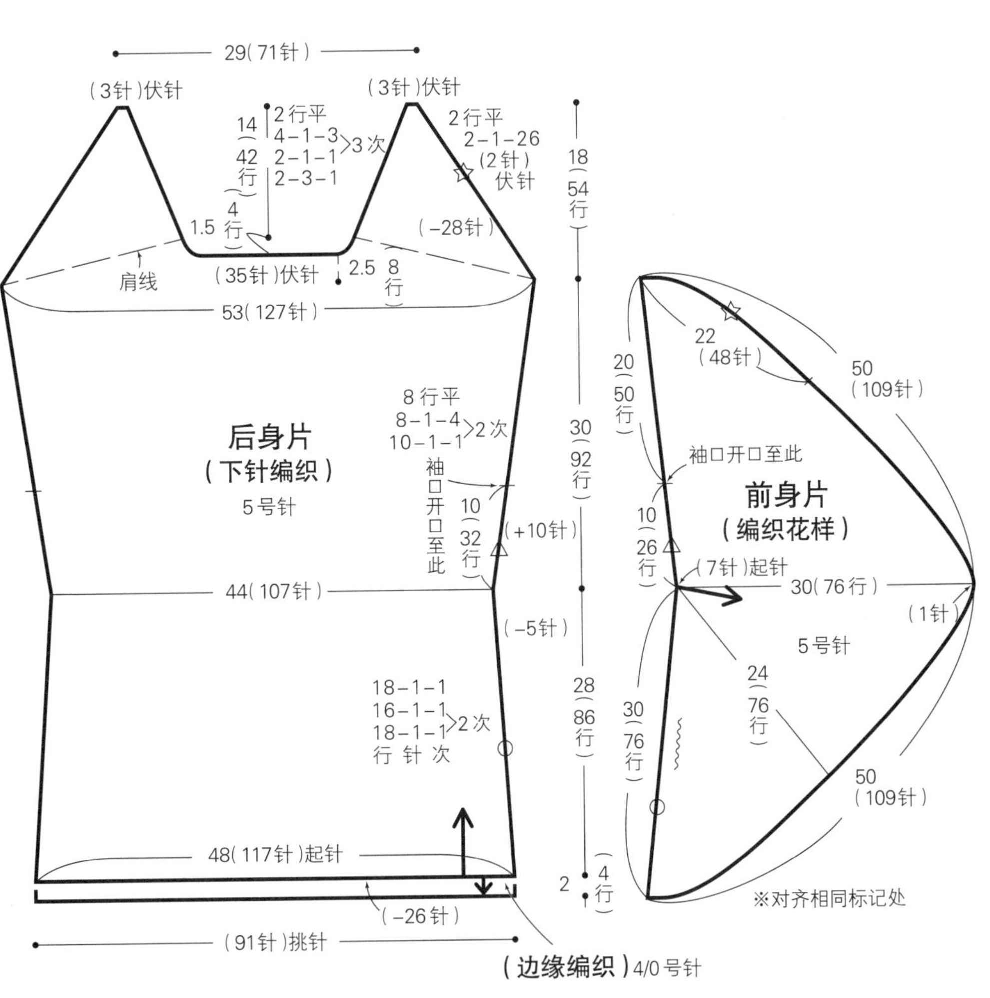

下摆、前门襟、衣领、袖口（边缘编织）4/0号针

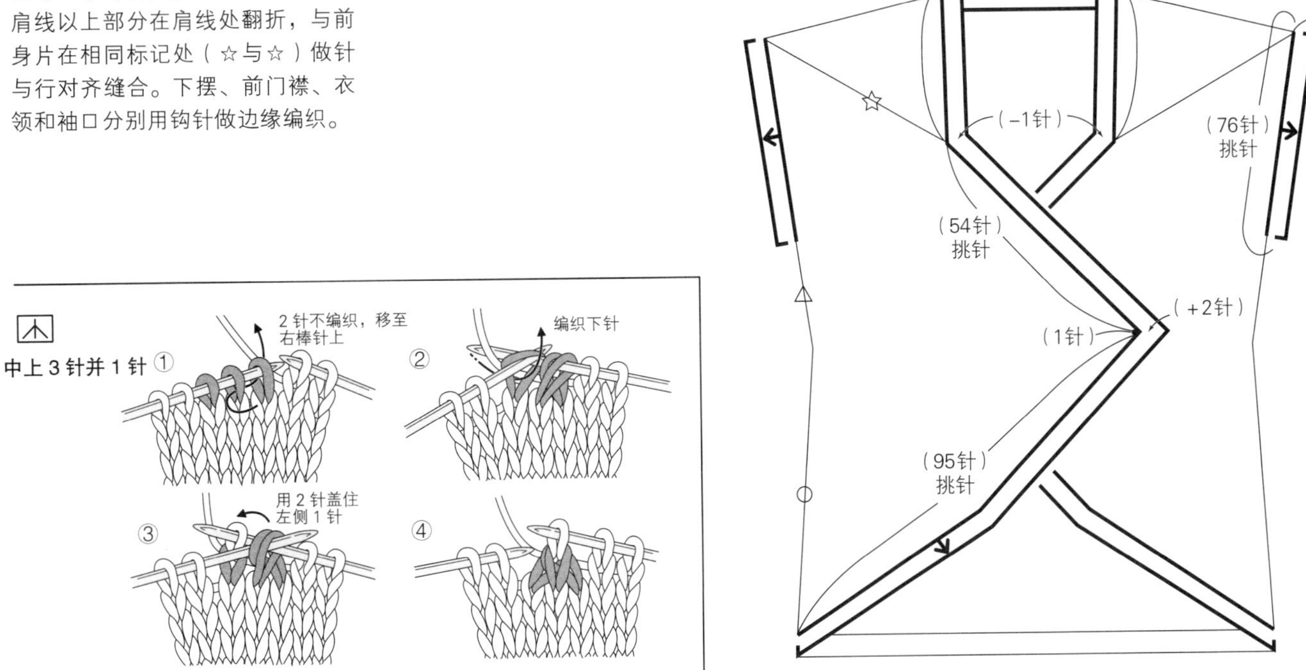

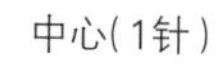
中心(1针)

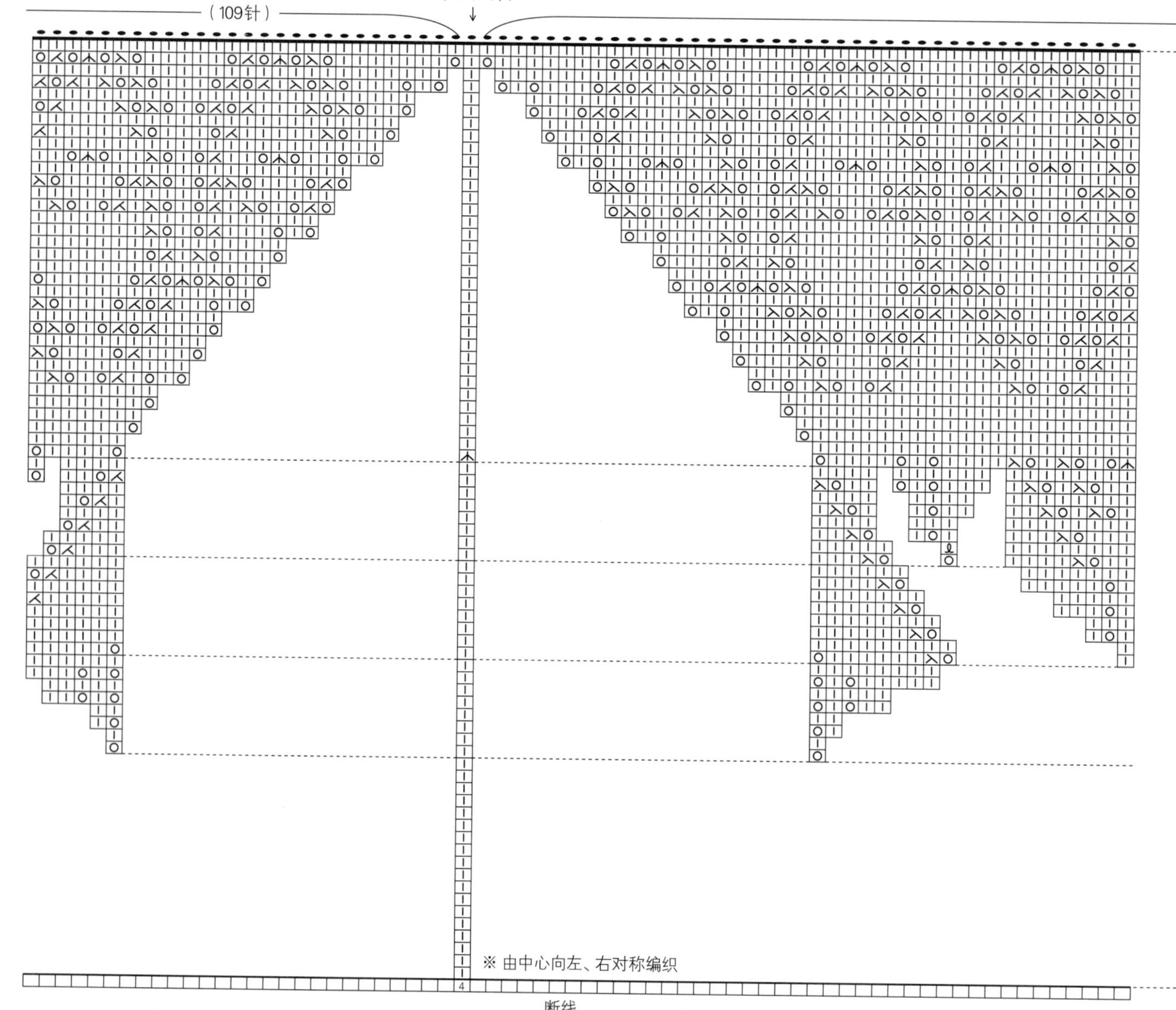
(109针)
※ 由中心向左、右对称编织
4

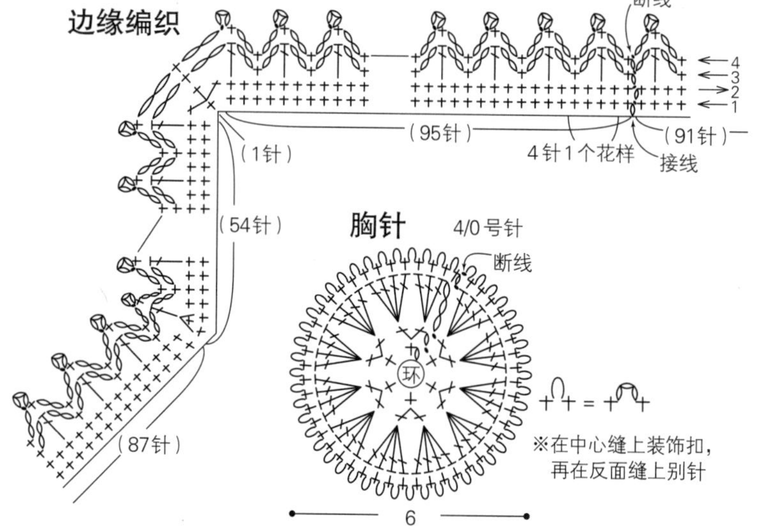
边缘编织
断线
4
3
2
1
(95针)
(91针)
(1针)
4针1个花样
接线
(54针)
(87针)
胸针
4/0号针
断线
环
※在中心缝上装饰扣，
再在反面缝上别针
6

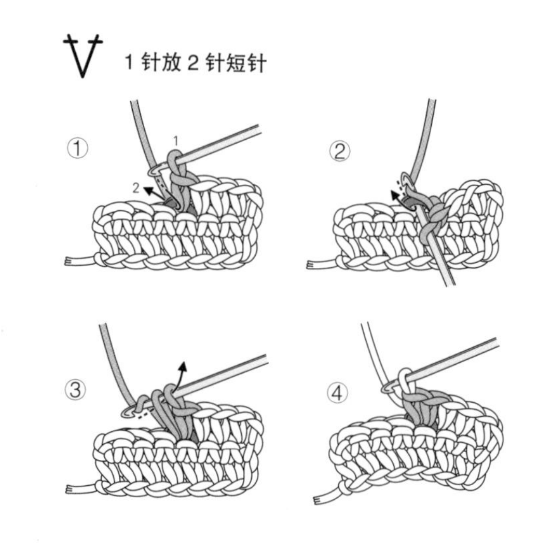
1针放2针短针
①
②
③
④

编织花样

手指绕线环形起针

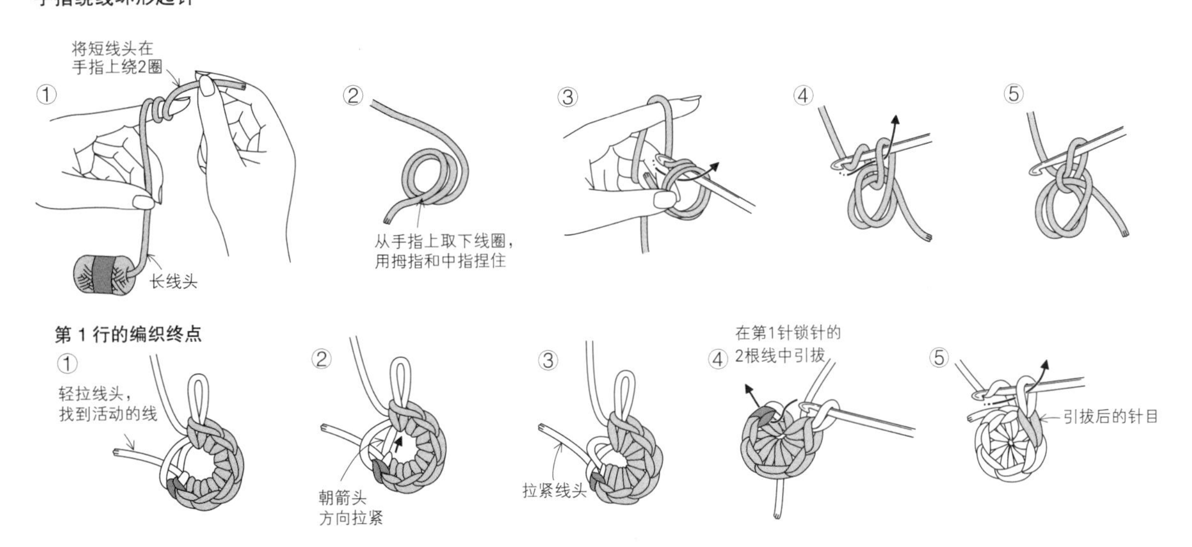

10

第15页

材料 和麻纳卡 Brilliant 绿色（26）[M、L相同] 250g/7团

工具 棒针6、5号

成品尺寸 [M、L相同]胸围120cm，衣长57cm，连肩袖长30cm

密度 10cm×10cm面积内：下针编织26针，35行

编织方法

前、后身片▶用5号棒针手指挂线起针，开始编织单罗纹针。编织完12行后换成6号棒针，接着做下针编织。参照图示，在指定位置加入编织花样。袖口编织起伏针（织片的第1针编织滑针）。前领窝减针时，2针及以上时编织伏针减针，1针时立起侧边1针减针。肩部进行留针的往返编织，编织结束时休针备用。**组合**▶肩部做盖针钉缝，胁部做挑针缝合。领窝挑取指定针数后编织起伏针，编织结束时做伏针收针。

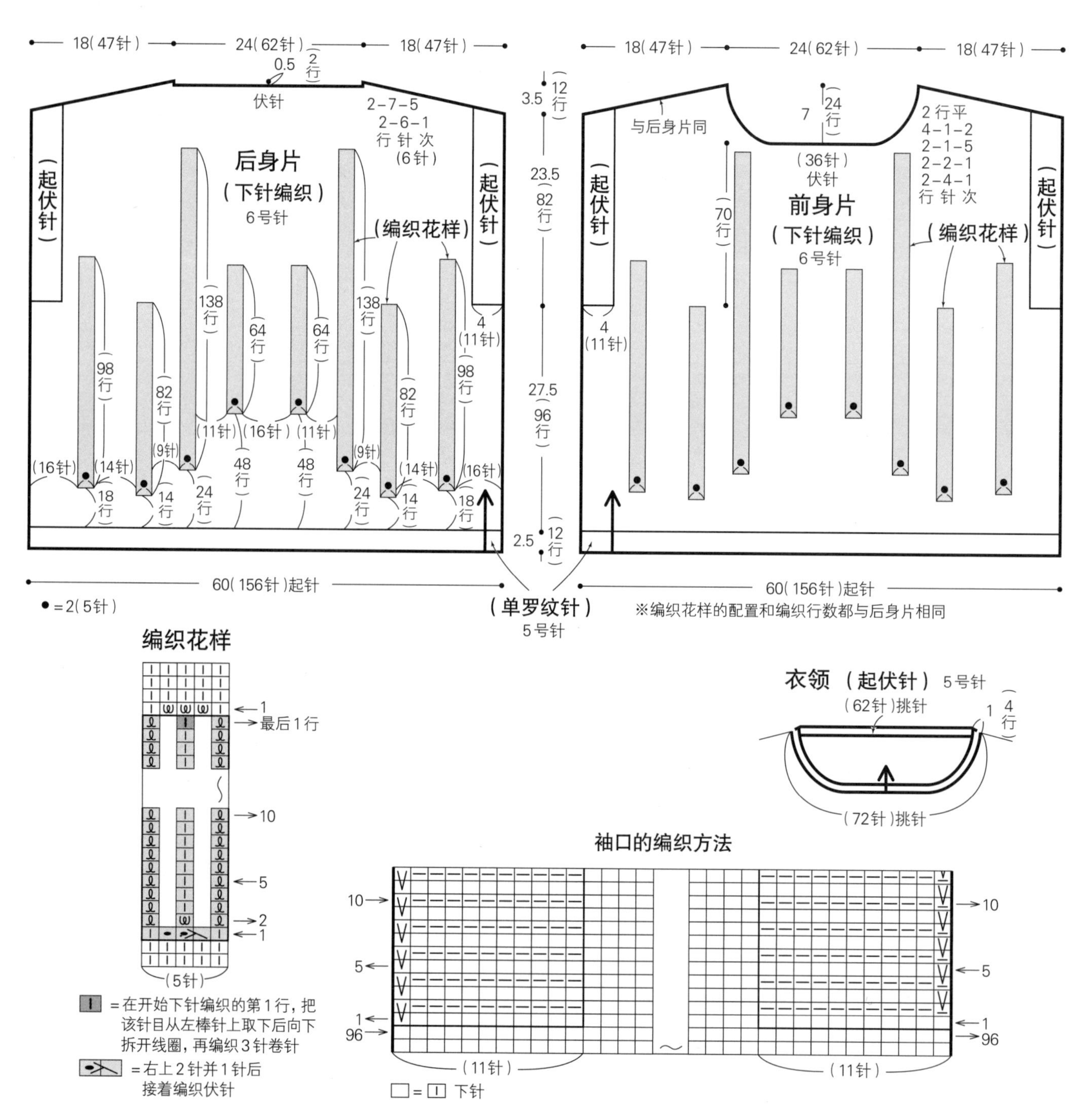

11

第16页

材料 和麻纳卡 PAREO绿色系段染（6）[M、L相同]265g/9团；直径2.3cm的纽扣2颗

工具 棒针6号，钩针4/0号

成品尺寸 [M、L相同]衣长60.5cm

密度 10cm×10cm面积内：上针编织24.5针，34行；编织花样24针，36行

编织方法

后身片▶手指挂线起针，按图示编织起伏针和上针编织。编织结束时休针备用。**前、后身片**▶另线锁针起针，按图示编织起伏针和编织花样。编织结束时休针备用。**组合**▶拆开前、后身片起针的另线锁针，挑针后，将编织起点和编织终点（◎与◎）旋转半圈并扭转后做盖针钉缝。后身片与前、后身片在相同标记（●与●、○与○）处做针与行对齐缝合。袖口和领窝使用钩针连续做边缘编织，但是在指定位置（2处）编织纽襻。在后身片左右两边的下摆（内侧）处缝上纽扣。

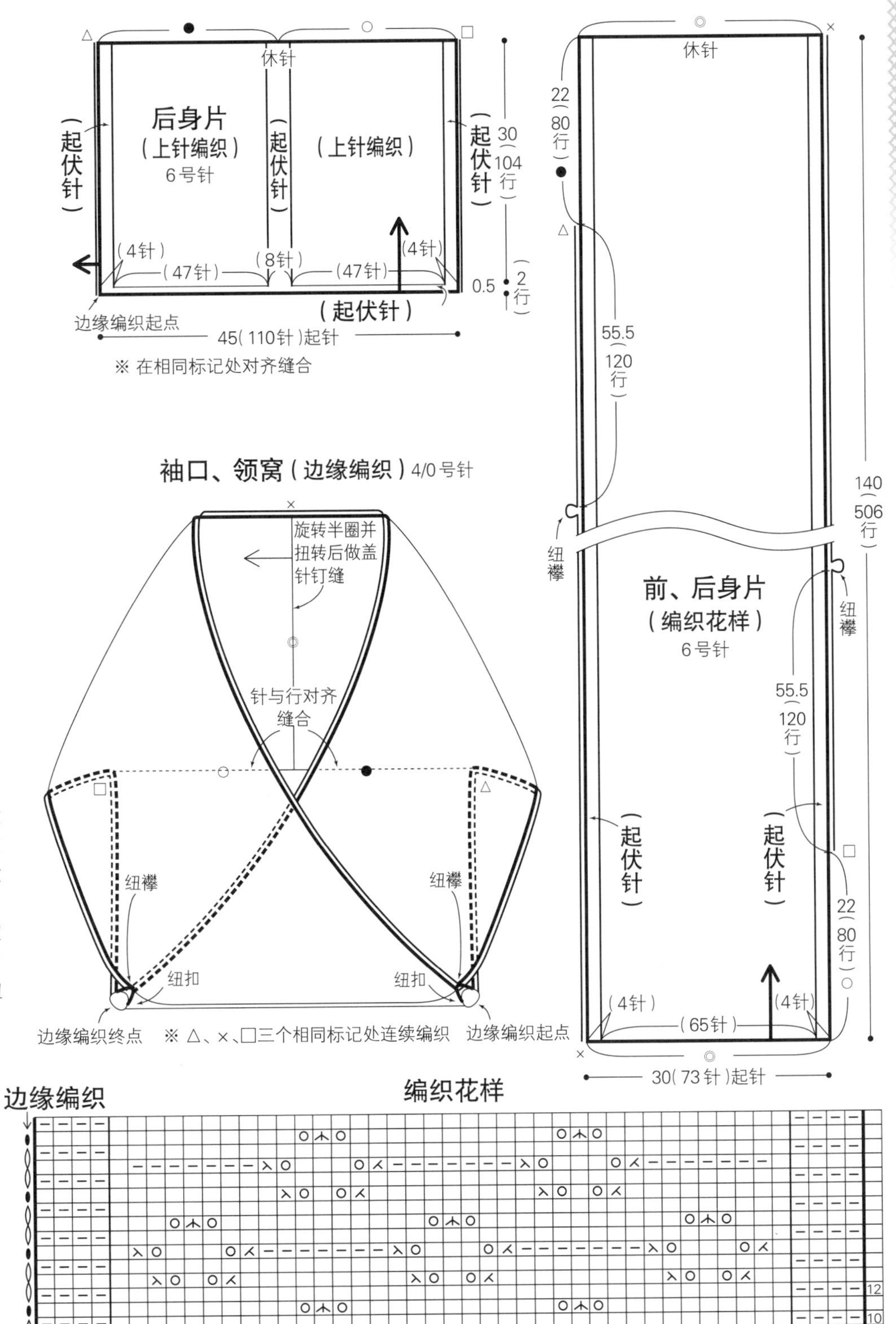

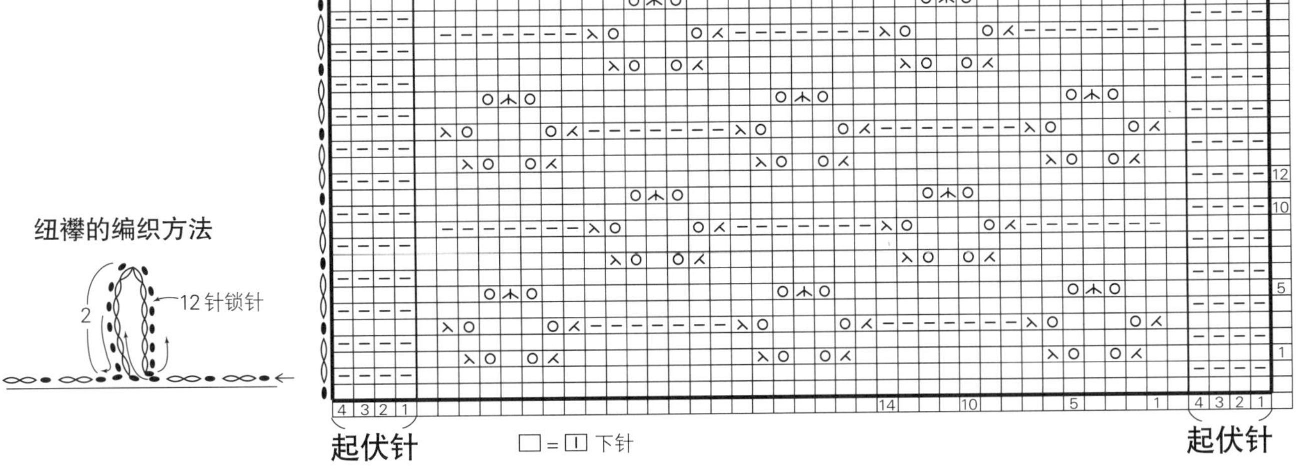

12

第17页

材料 和麻纳卡 Flax S灰米色（23）[M、L相同]260g/11团

工具 棒针6号，钩针5/0号

成品尺寸 [M、L相同]衣长69cm

密度 10cm×10cm面积内：下针编织20针，28行；编织花样A、A'均为21针，28行

编织方法

前、后身片▶分别编织左前、后身片与右前、后身片。手指挂线起针，开始编织起伏针。编织4行后，按编织花样A（左前、后身片为编织花样A'）、下针编织和编织花样B进行编织。编织结束时，编织3行起伏针，做上针的伏针收针。**组合**▶将左、右2片前、后身片做挑针缝合，缝至领窝处（开口止位）。领口用钩针做边缘编织。在身片的指定位置接线编织细绳。

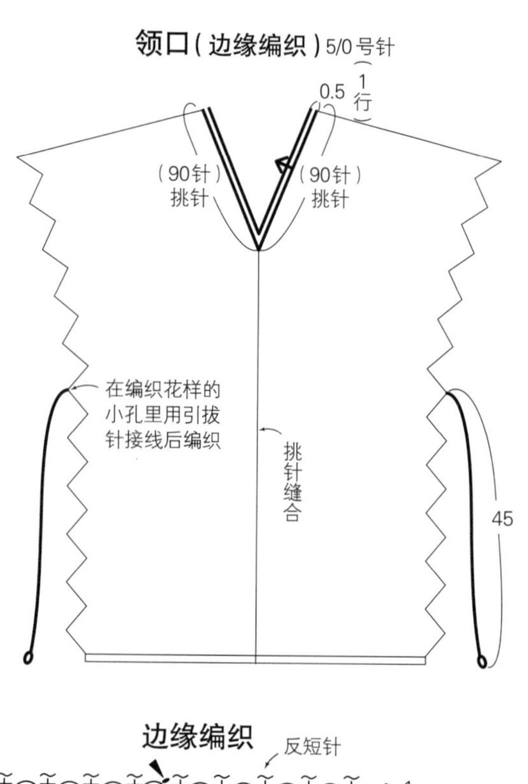

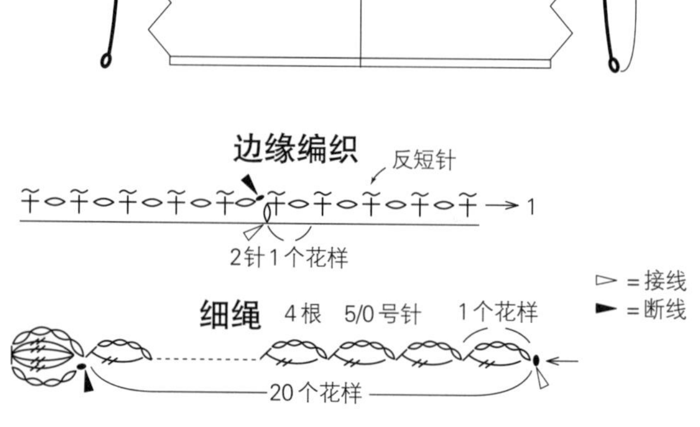

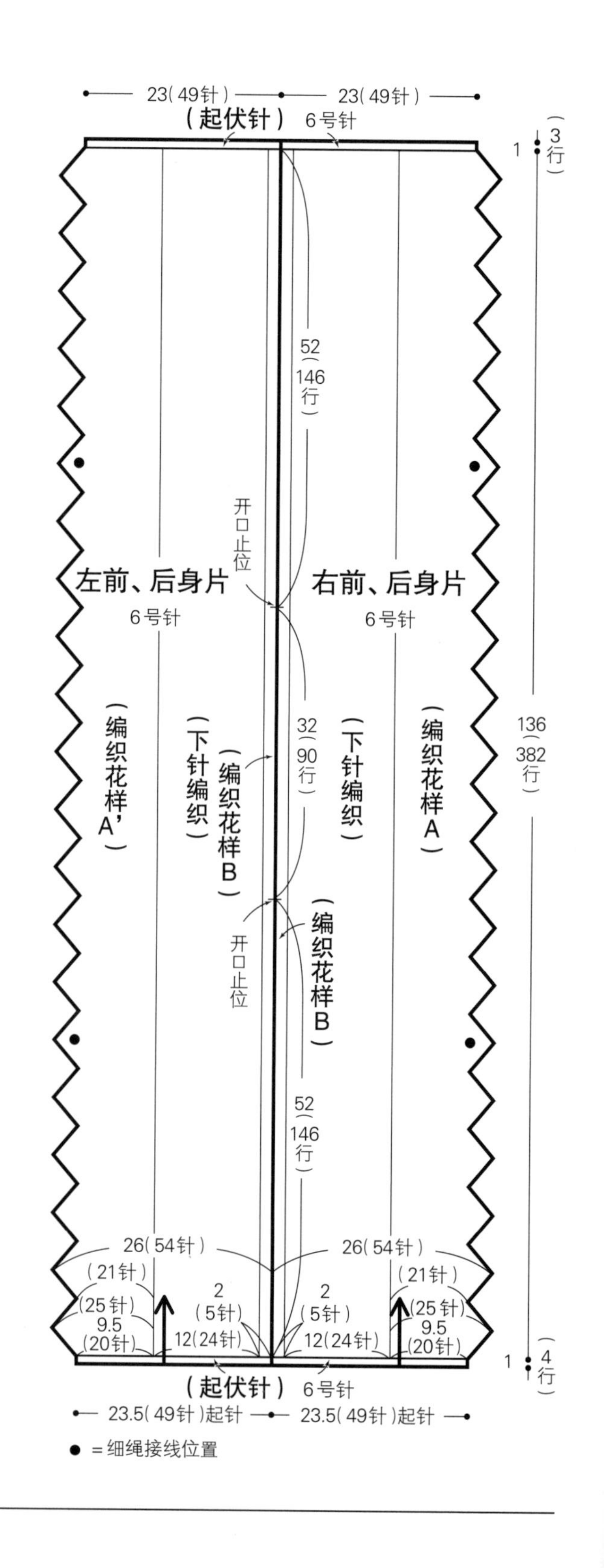

右上2针交叉

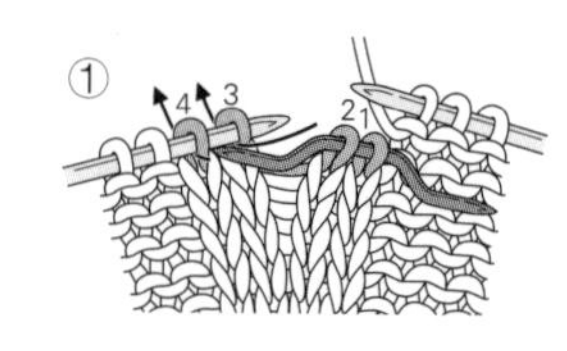

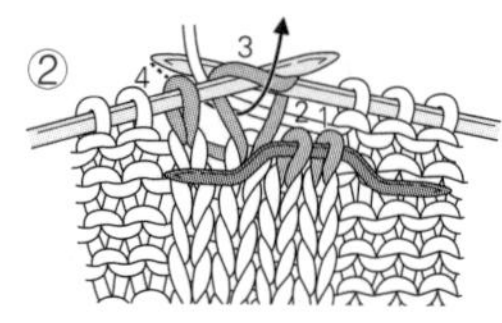

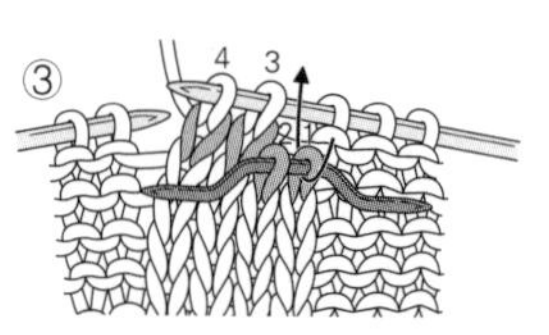

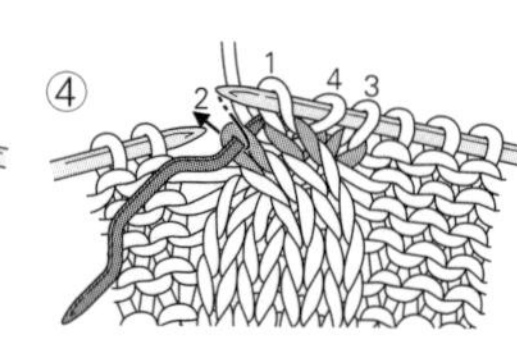

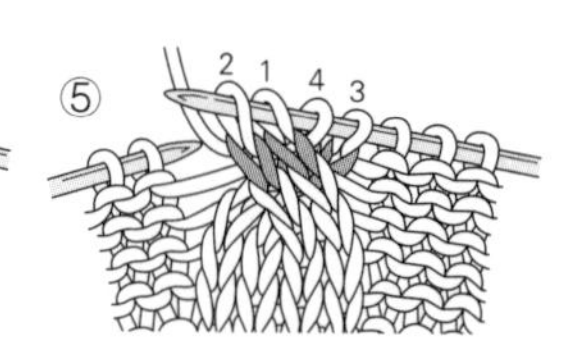

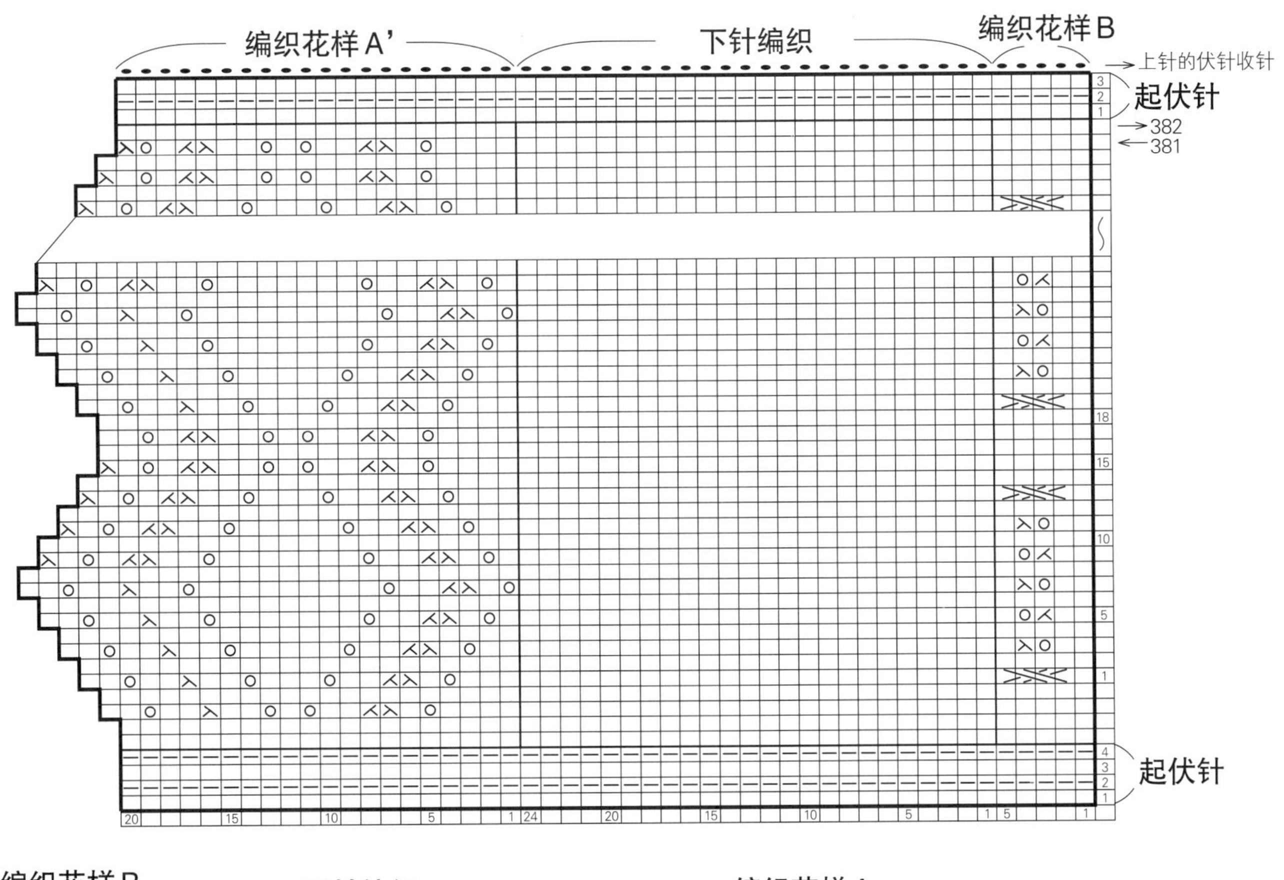

编织花样 A'
下针编织
编织花样 B
上针的伏针收针
起伏针
382
381
起伏针

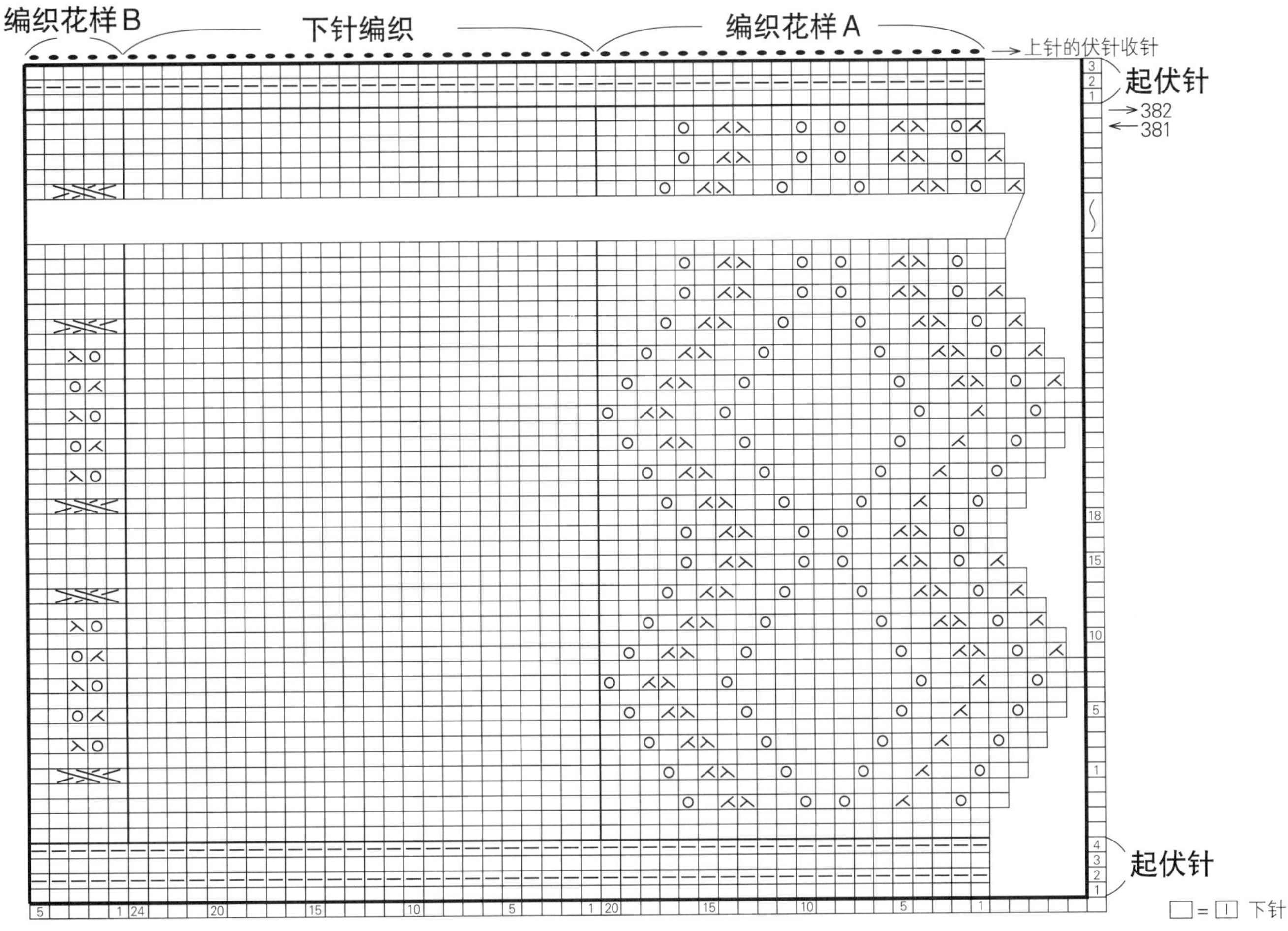

编织花样 B
下针编织
编织花样 A
上针的伏针收针
起伏针
382
381
起伏针
□ = □ 下针

13

第19页

材料　和麻纳卡 Claune蓝色、紫色系段染（6）[M、L相同]345g/14团

工具　棒针4、2号，钩针4/0号

成品尺寸　[M、L相同]衣长67cm，袖长11.5cm

密度　10cm×10cm面积内：编织花样28针，40行

编织方法

前、后身片▶由背部中心另线锁针起针，开始按编织花样编织。在接袖位置使用另线编织。编织结束时做上针的伏针收针。从另线锁针起针处挑针后，反方向用相同的方法编织。**袖子**▶另线锁针起针，编织2行上针编织后，按编织花样编织。袖山减针时，2针及以上时编织伏针减针，1针时立起侧边1针减针。编织结束时做伏针收针。拆开起针的另线锁针挑针后，前3行用棒针，第4行用钩针做边缘编织。**组合**▶袖下做挑针缝合。拆开前、后身片接袖位置的另线，做1圈伏针收针。将袖子和身片正面相对，做引拔接合。最后在前、后身片的周围，用钩针编织饰边。

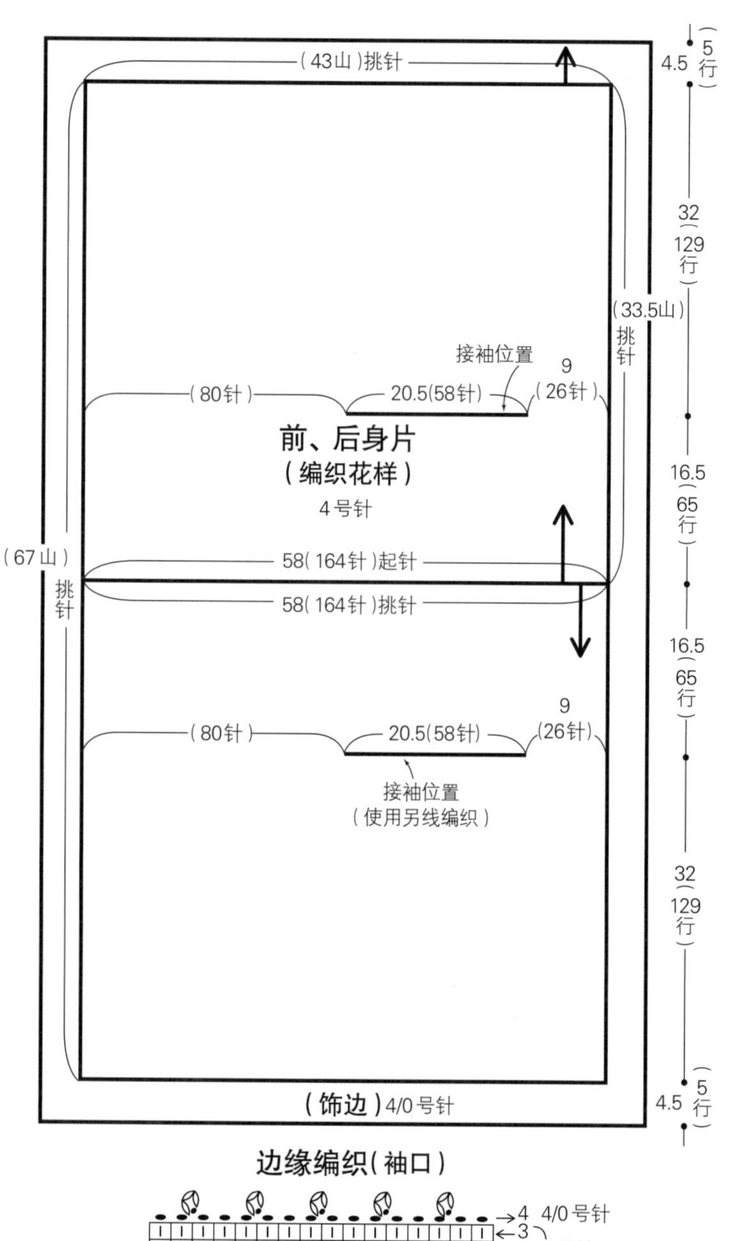

边缘编织(袖口)

4/0号针

2号针

编织花样

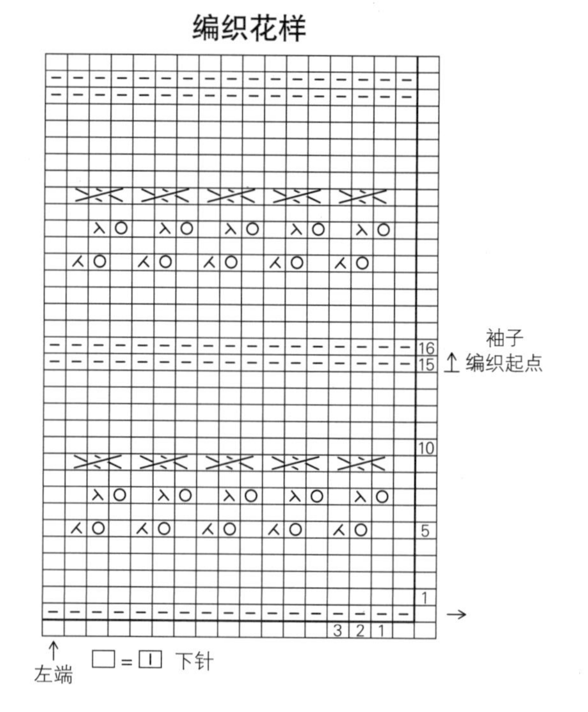

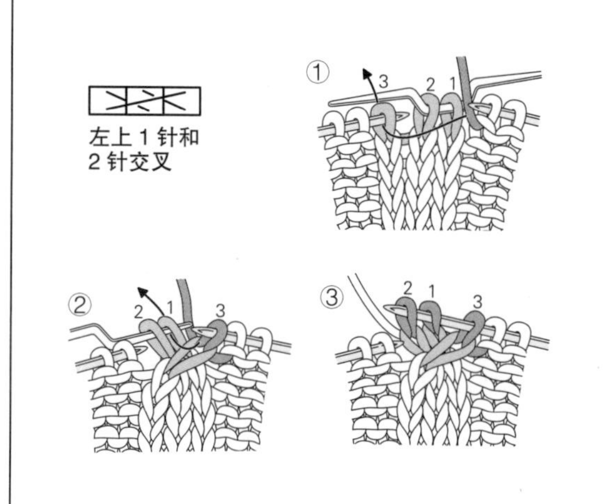

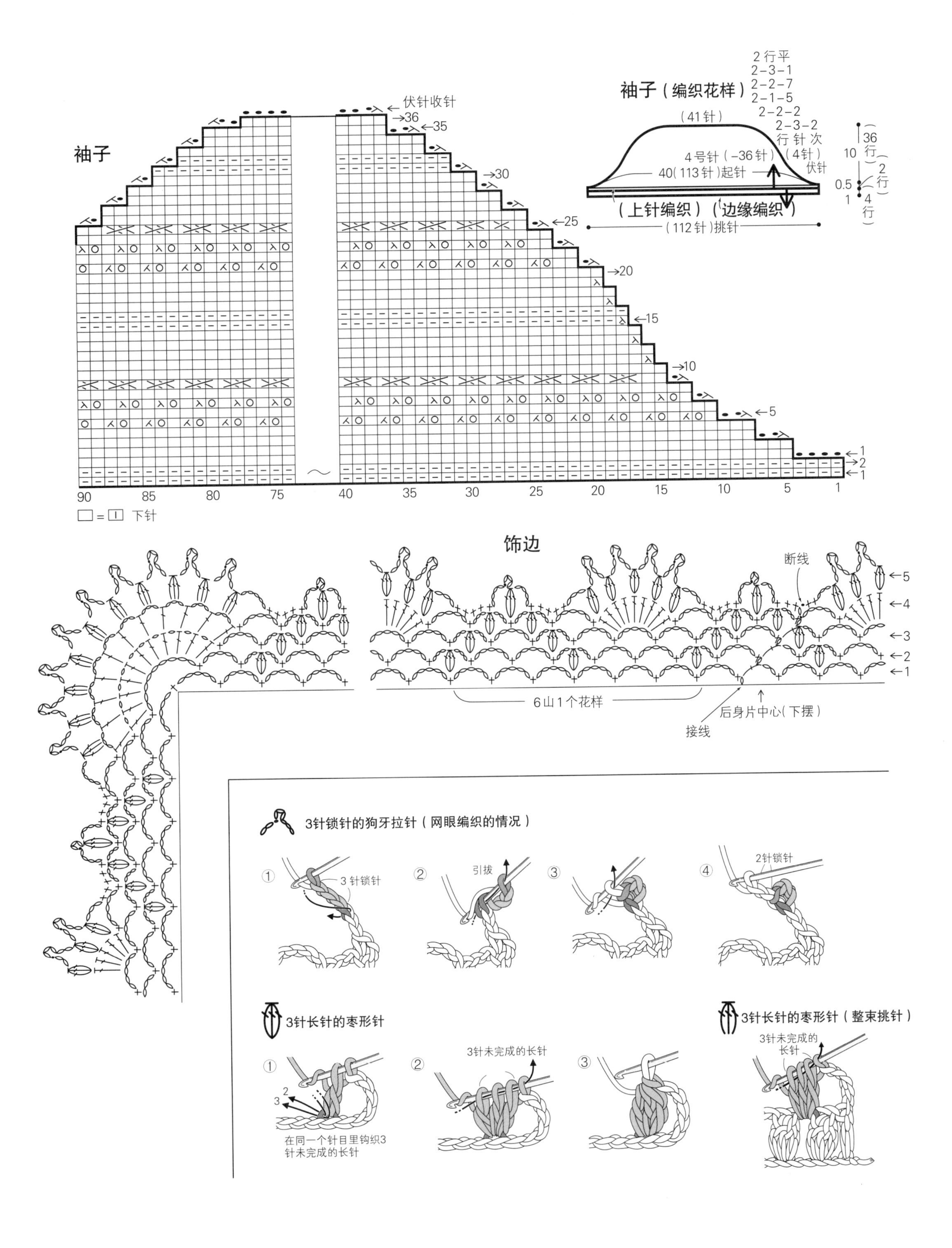

袖子
伏针收针
36
35
30
25
20
15
10
5
1
2
1
90
85
80
75
40
35
30
25
20
15
10
5
1
□=□ 下针
袖子（编织花样）
2行平
2-3-1
2-2-7
2-1-5
2-2-2
2-3-2
行 针 次
（41针）
4号针（-36针）
（4针）
伏针
40(113针)起针
（上针编织）（边缘编织）
（112针）挑针
10
36行
0.5
2行
1
4行
饰边
断线
5
4
3
2
1
6山1个花样
后身片中心（下摆）
接线
3针锁针的狗牙拉针（网眼编织的情况）
3针锁针
引拔
2针锁针
3针长针的枣形针
在同一个针目里钩织3针未完成的长针
3针未完成的长针
3针长针的枣形针（整束挑针）
3针未完成的长针

14

第20页

材料　和麻纳卡 Claune[M]紫红色、蓝色系（7）180g/8团，[L]蓝色、黄绿色、紫色系（9）195g/8团

工具　棒针5、4号，钩针4/0号

成品尺寸　[M]胸围98cm，肩背宽34cm，衣长54.5cm；[L]胸围102cm，肩背宽34cm，衣长58cm

密度　10cm×10cm面积内：编织花样A 24针，33行

编织方法

育克▶编织5针锁针起针，参照图示按编织花样B开始编织。编织14行后，第15行开始接着编织育克左半部分，接新线编织右半部分。**后身片**▶手指挂线起针，按起伏针、编织花样A的顺序一边做分散减针一边编织。肋部、袖窿和领窝减针时，2针及以上时编织伏针减针，1针时立起侧边1针减针。肩部休针备用。**前身片**▶与后身片同样编织。前领窝参照图示一边做加减针一边编织。**组合**▶将育克放在前身片上育克位置，相同标记处对齐。育克边上的2针长针与身片重叠做藏针缝缝合。肩部做盖针钉缝，肋部做挑针缝合。后领口挑取指定针数后做边缘编织。袖口做上针编织，编织结束时做伏针收针。

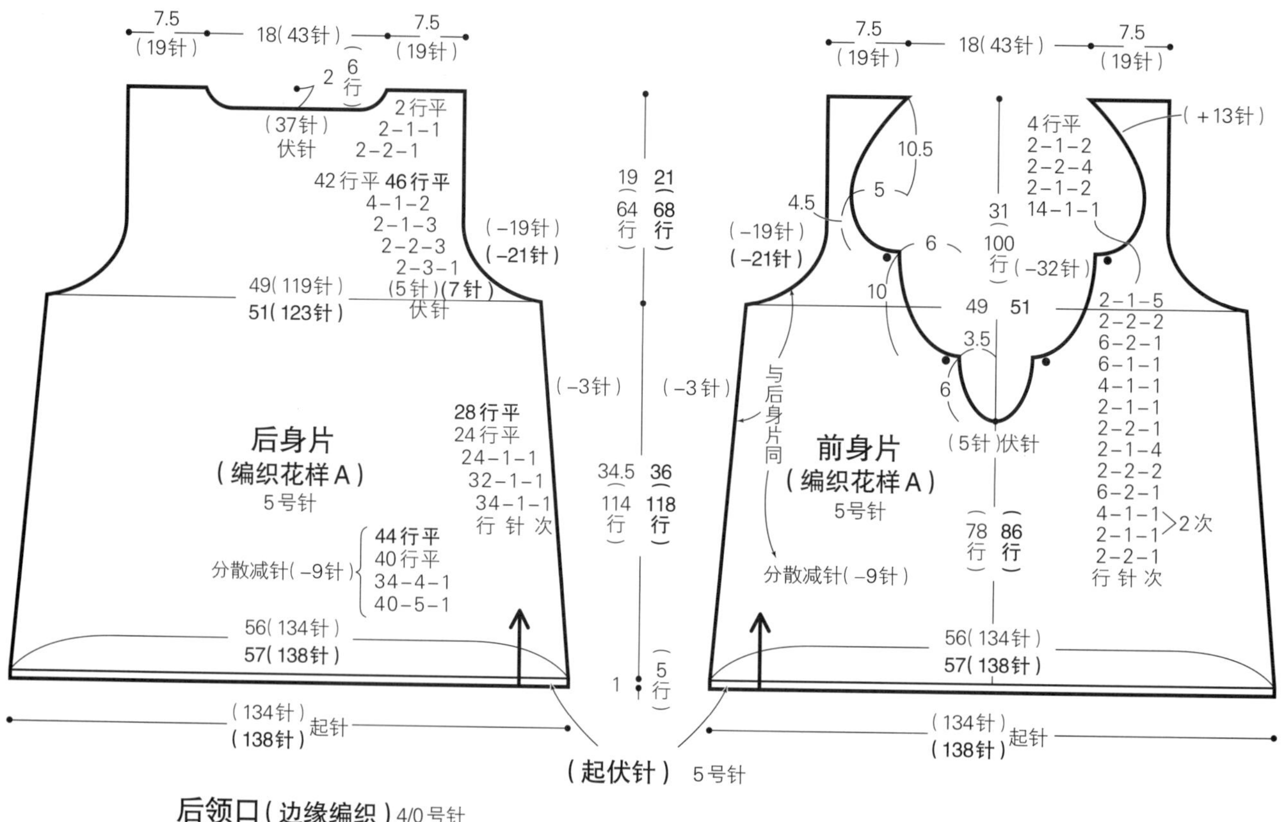

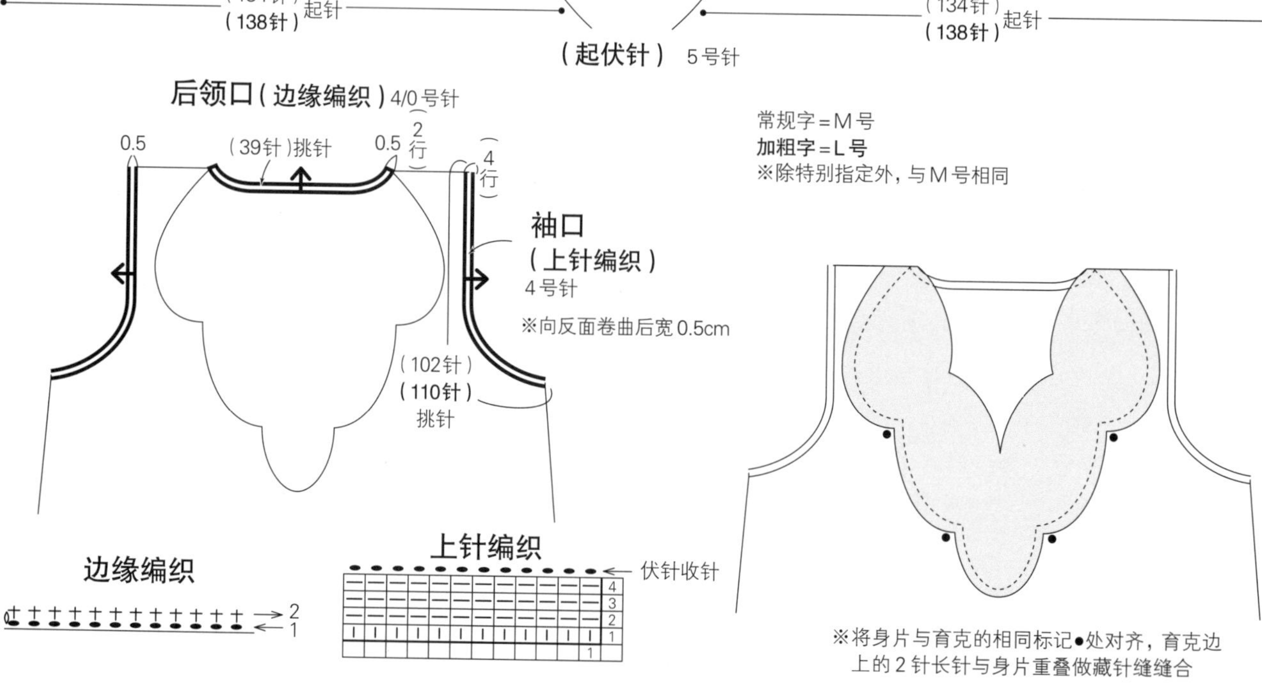

※将身片与育克的相同标记●处对齐，育克边上的2针长针与身片重叠做藏针缝缝合

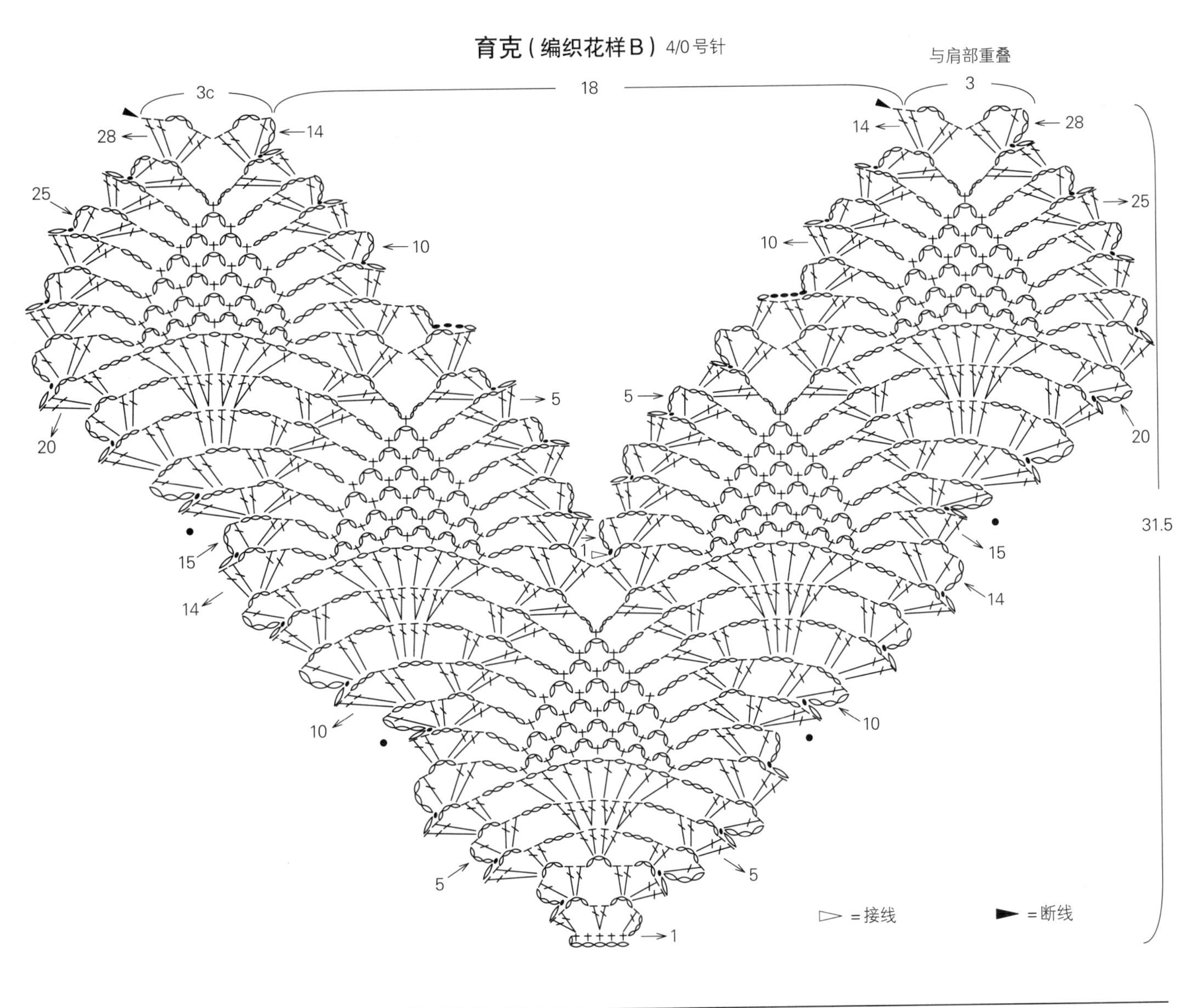

育克（编织花样B）4/0号针
与肩部重叠
3c
18
3
31.5
=接线
=断线

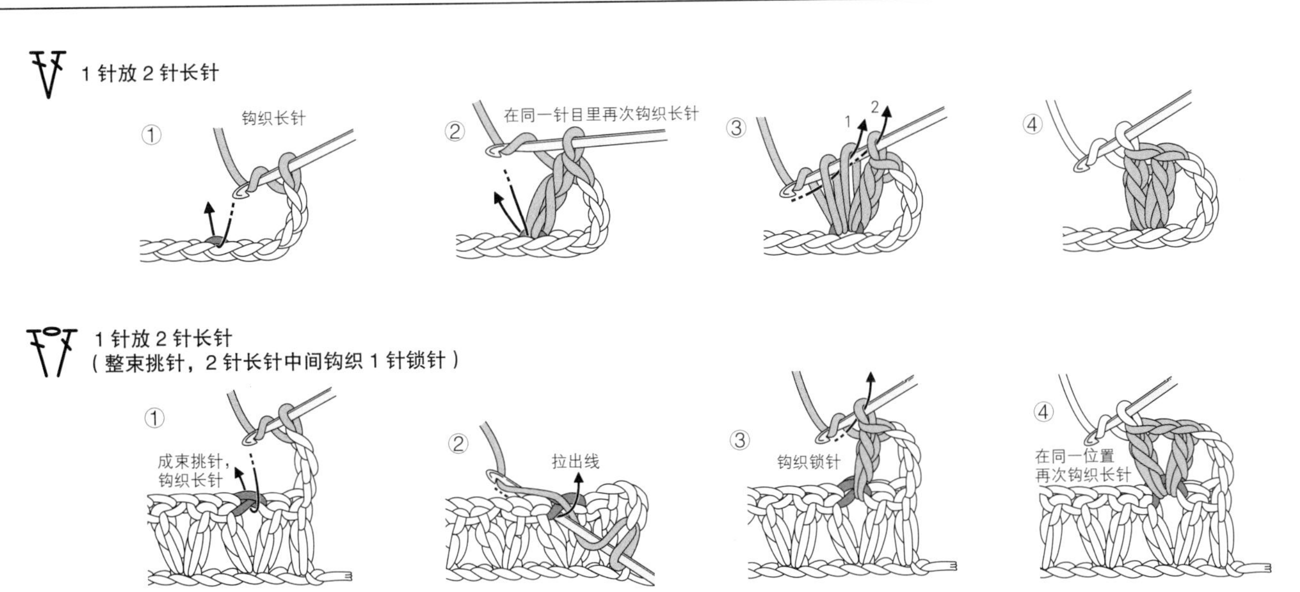

1针放2针长针
①
钩织长针
②
在同一针目里再次钩织长针
③
④
1针放2针长针
（整束挑针，2针长针中间钩织1针锁针）
①
成束挑针，
钩织长针
②
拉出线
③
钩织锁针
④
在同一位置
再次钩织长针

[M][L]前身片

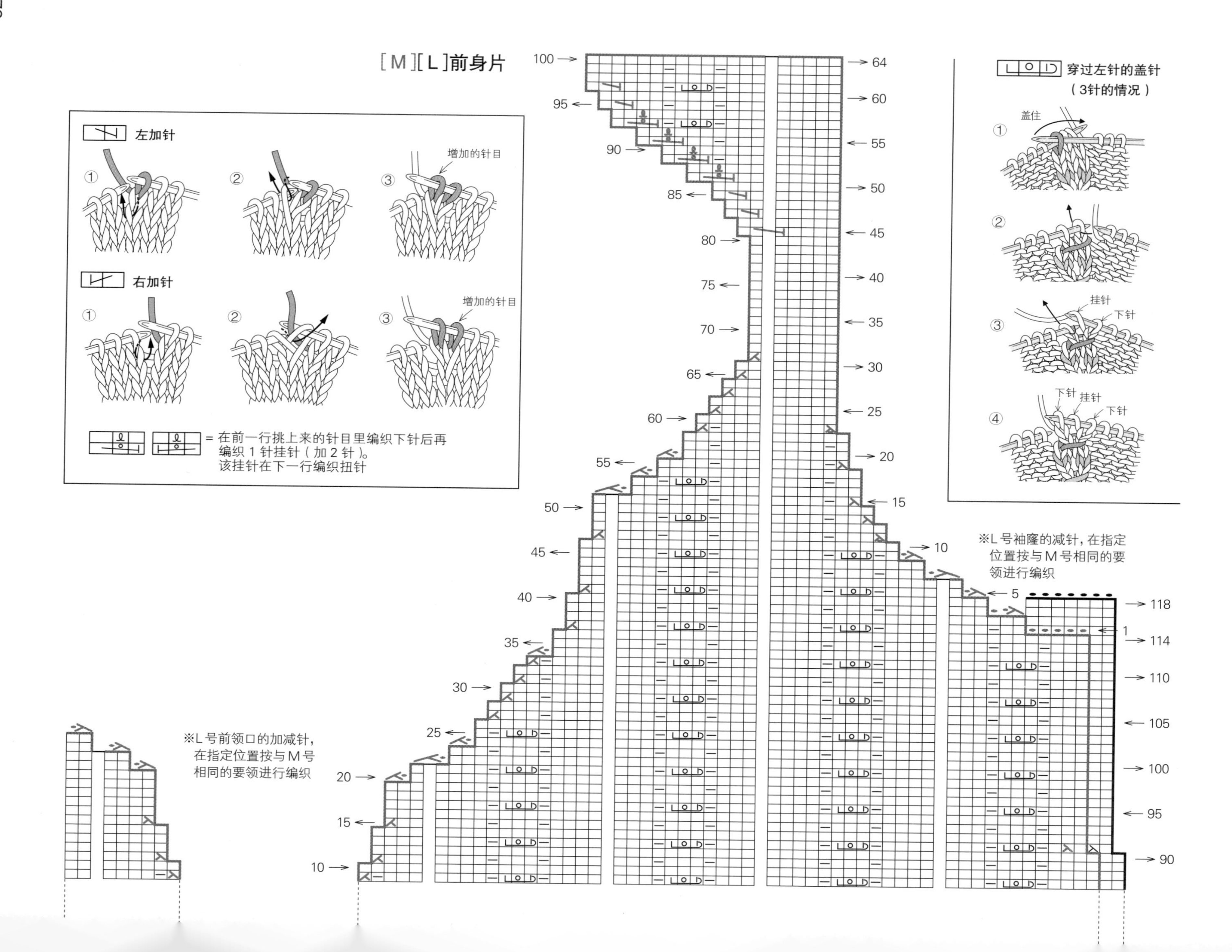

左加针
增加的针目
右加针
增加的针目
= 在前一行挑上来的针目里编织下针后再编织1针挂针（加2针）。该挂针在下一行编织扭针
穿过左针的盖针（3针的情况）
盖住
挂针
下针
※L号袖窿的减针，在指定位置按与M号相同的要领进行编织
※L号前领口的加减针，在指定位置按与M号相同的要领进行编织

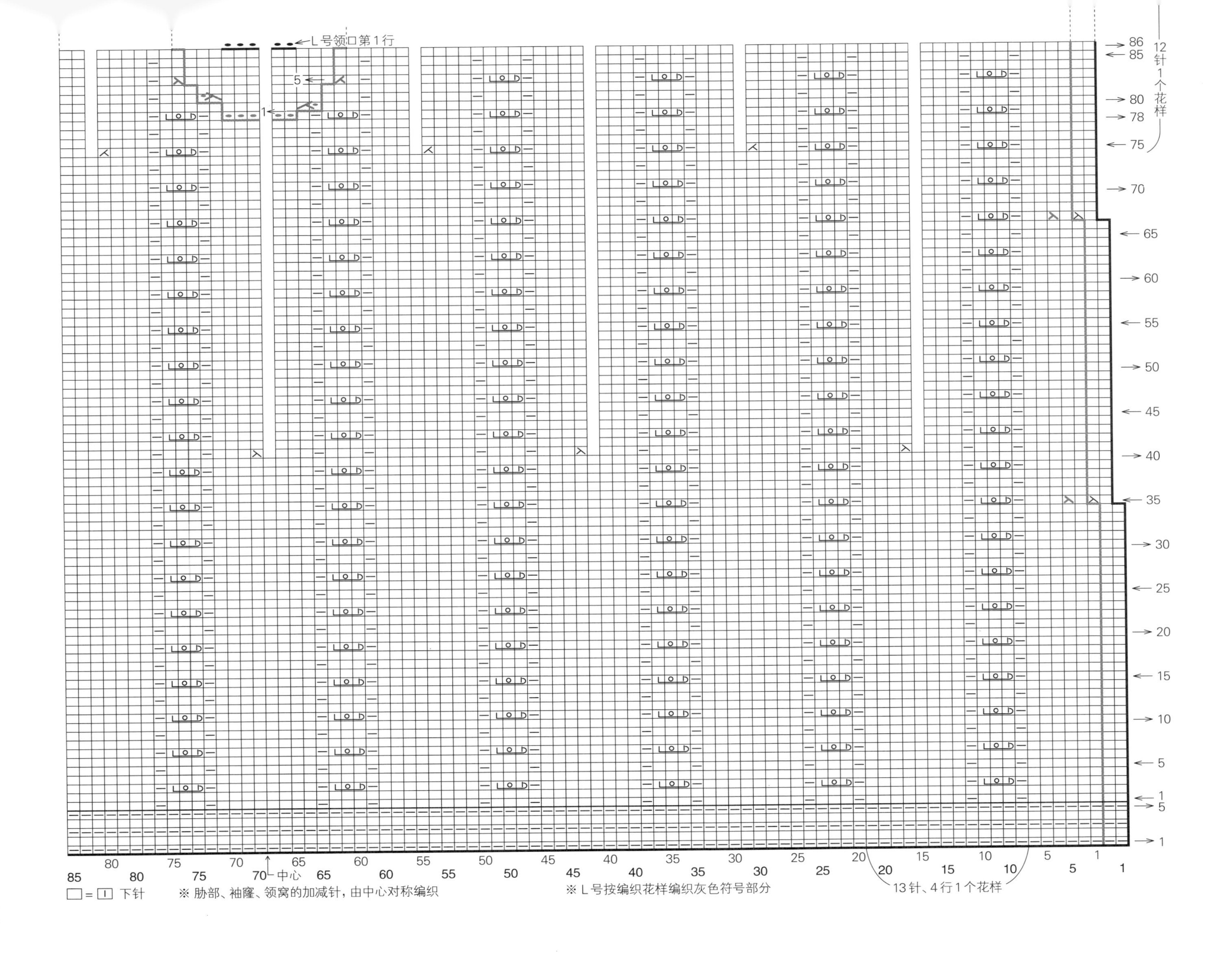
L号领口第1行
12针1个花样
中心
13针、4行1个花样
□=□ 下针
※ 胁部、袖窿、领窝的加减针，由中心对称编织
※ L号按编织花样编织灰色符号部分

15

第22页

材料 和麻纳卡 LE GRAIN原白色系（1）[M]200g/ 7团，[L]230g/8团；直径1.5cm的纽扣7颗（M、L号相同）

工具 棒针5、3号

成品尺寸 [M]胸围88cm，肩背宽33cm，衣长52cm，袖长26cm；[L]胸围99cm，肩背宽36cm，衣长55cm，袖长29cm

密度 10cm×10cm面积内：下针编织、编织花样均为24针，32行

编织方法

前、后身片▶手指挂线起针，按起伏针、编织花样和下针编织的顺序编织。袖窿、领窝减针时，2针及以上时编织伏针减针，1针时立起侧边1针减针。肩部休针备用。**袖子**▶与前、后身片同样编织。袖下与袖山减针时，2针及以上时编织伏针减针，1针时立起侧边1针减针。编织结束时做伏针收针。**组合**▶肩部做盖针钉缝，胁部做挑针缝合。衣领和前门襟分别挑取指定针数后编织起伏针，在右前门襟编织扣眼。编织结束时做上针的伏针收针。袖下挑针缝合，将袖子和身片正面相对，做引拔接合。

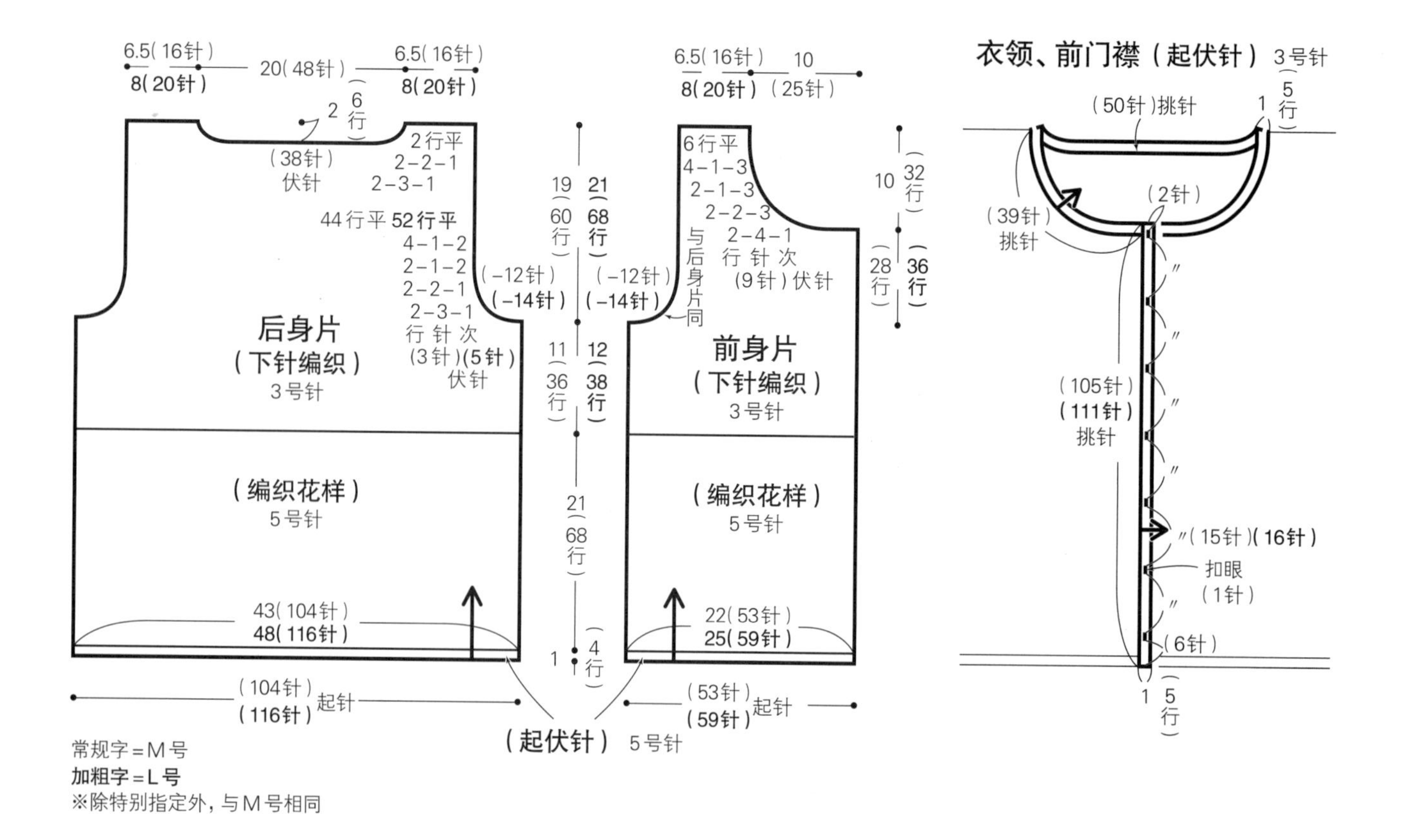

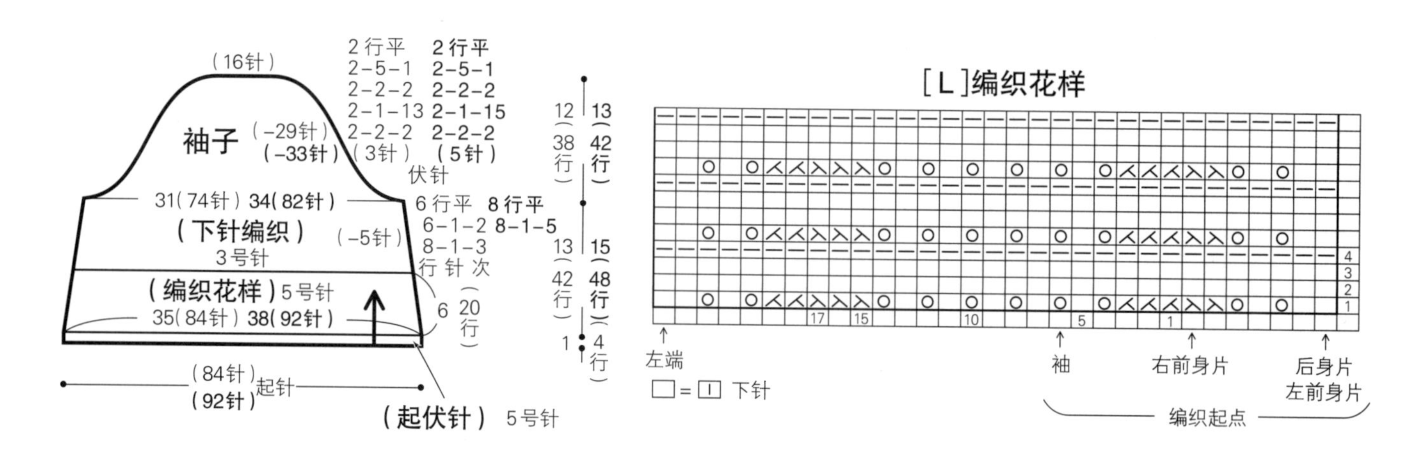

[M]袖下的编织花样

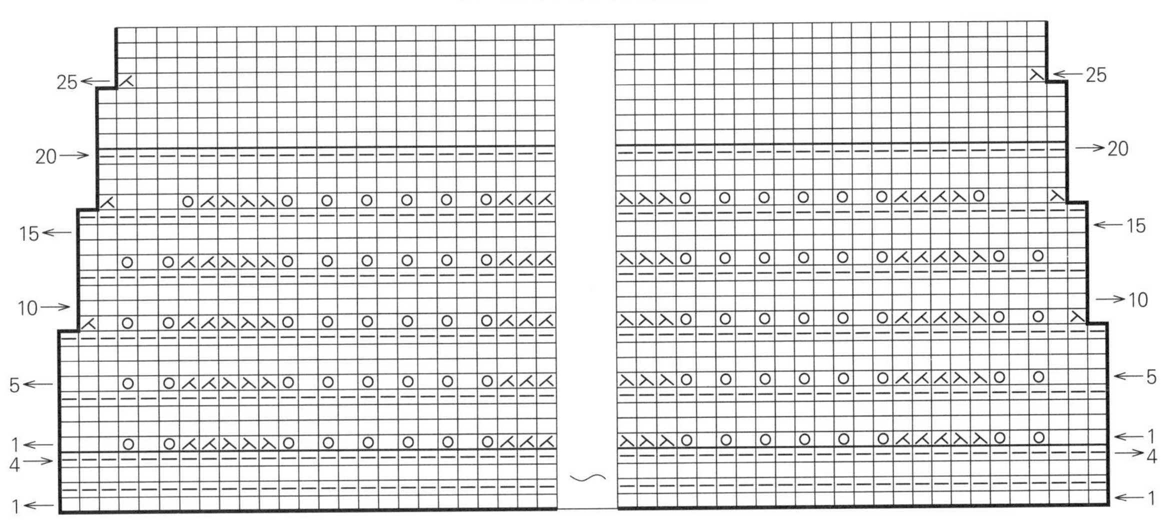

[L]袖下的编织花样

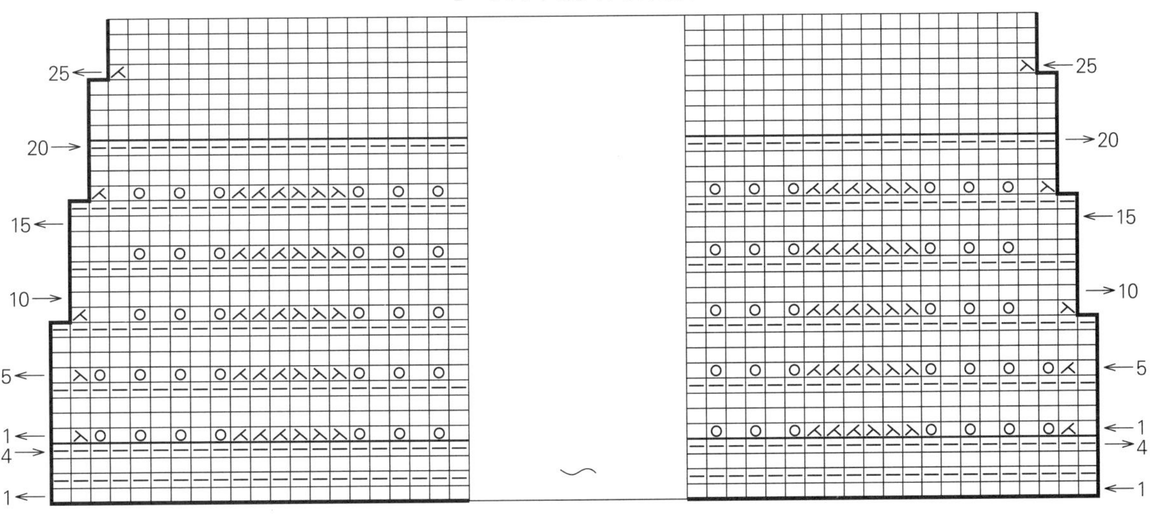

[M]编织花样

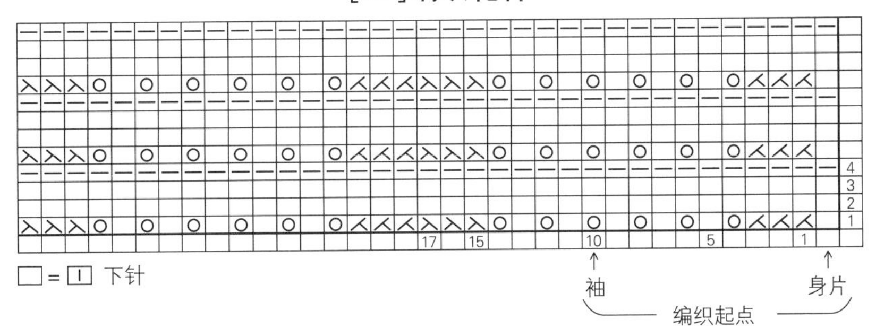

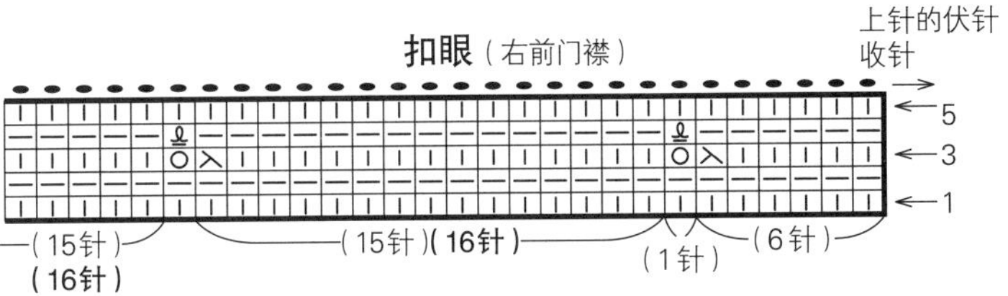

16

材料 和麻纳卡 凉感Coolier 粉红色（3）[M]280g/10团，[L]300g/10团

工具 棒针7、6、4号

成品尺寸 [M]胸围91cm，肩背宽36cm，衣长53.5cm，袖长20cm；[L]胸围98cm，肩背宽38cm，衣长55.5cm，袖长20cm

密度 10cm×10cm面积内：编织花样A 28针，37行；编织花样B 28针，36行，编织花样C 28针，35行

编织方法

前、后身片▶另线锁针起针，按编织花样A、B'、B、C的顺序编织。袖窿、领窝减针时，2针及以上时编织伏针减针，1针时立起侧边1针减针。肩部休针备用。下摆拆开另线锁针的起针，挑针后编织起伏针。编织结束时做伏针收针。**袖子**▶与前、后身片用同样的起针方法开始编织。按编织花样A'、C的顺序编织。袖下加针时，在1针内侧做扭针加针。袖山减针时，2针及以上时编织伏针减针，1针时立起侧边1针减针。编织结束时做伏针收针。袖口与下摆一样，拆开另线锁针的起针后编织起伏针。**组合**▶肩部做盖针钉缝，胁部做挑针缝合。衣领挑取指定针数后按编织花样D编织。编织终点做双罗纹针收针。袖下做挑针缝合，将袖子和身片正面相对，做引拔接合。

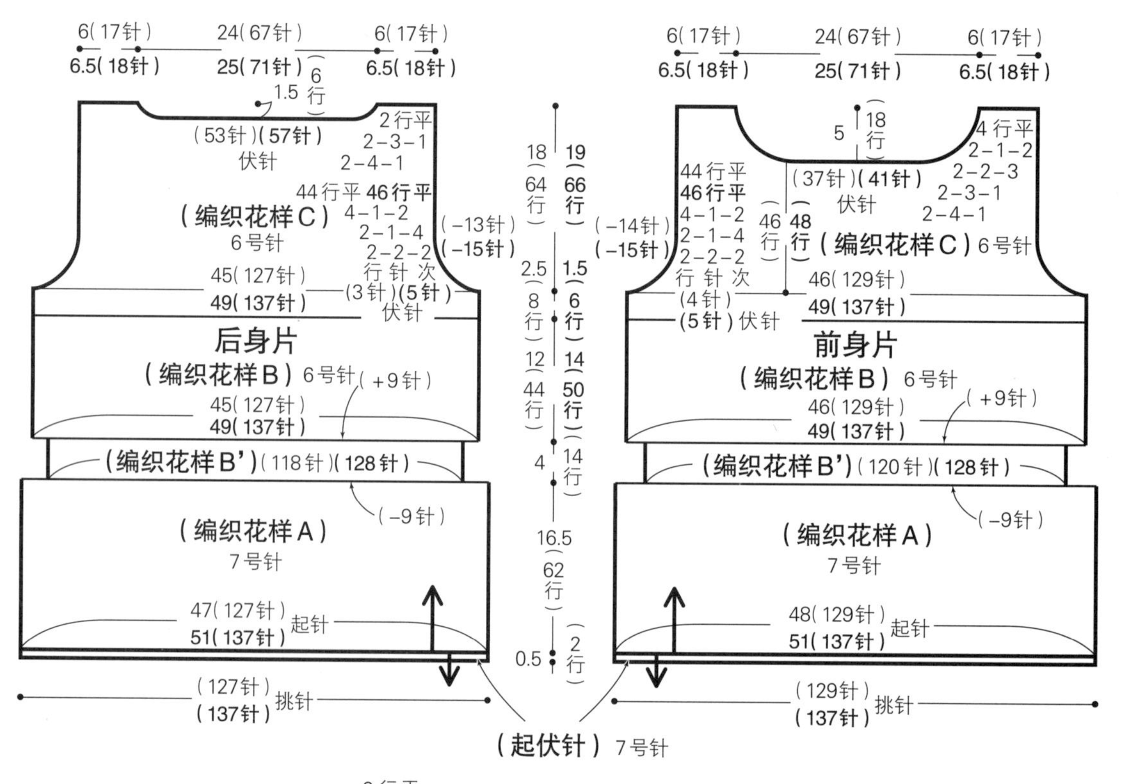

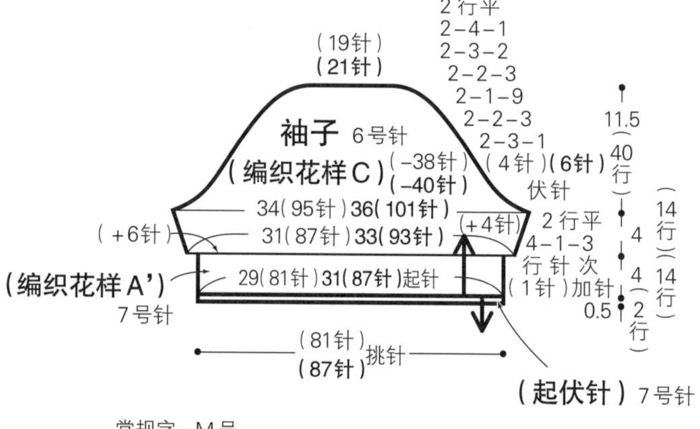

常规字＝M号
加粗字＝L号
※除特别指定外，与M号相同

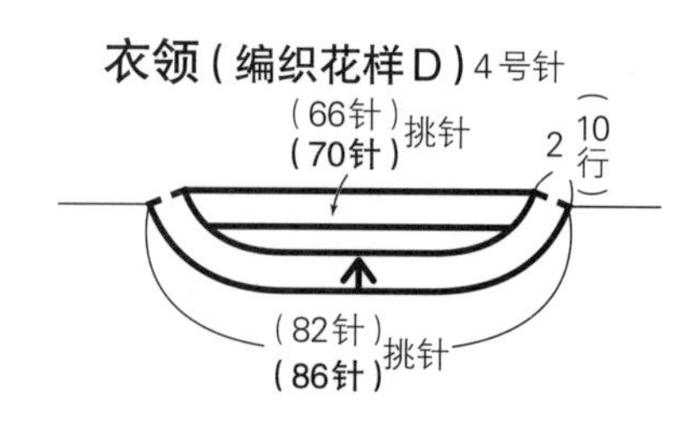

编织花样D

—	—	|	|	—	—	|	|	—	—	|	|	—	—	|	|	10
—	—	入	O	—	—	入	O	—	—	入	O	—	—	入	O	
—	—	|	|	—	—	|	|	—	—	|	|	—	—	|	|	
—	—	O	人	—	—	O	人	—	—	O	人	—	—	O	人	
—	—	|	|	—	—	|	|	—	—	|	|	—	—	|	|	
—	—	入	O	—	—	入	O	—	—	入	O	—	—	入	O	5
—	—	|	|	—	—	|	|	—	—	|	|	—	—	|	|	
—	—	—	—	—	—	—	—	—	—	—	—	—	—	—	—	
—	—	—	—	—	—	—	—	—	—	—	—	—	—	—	—	
|	|	|	|	|	|	|	|	|	|	|	|	|	|	|	|	1
												4	3	2	1	

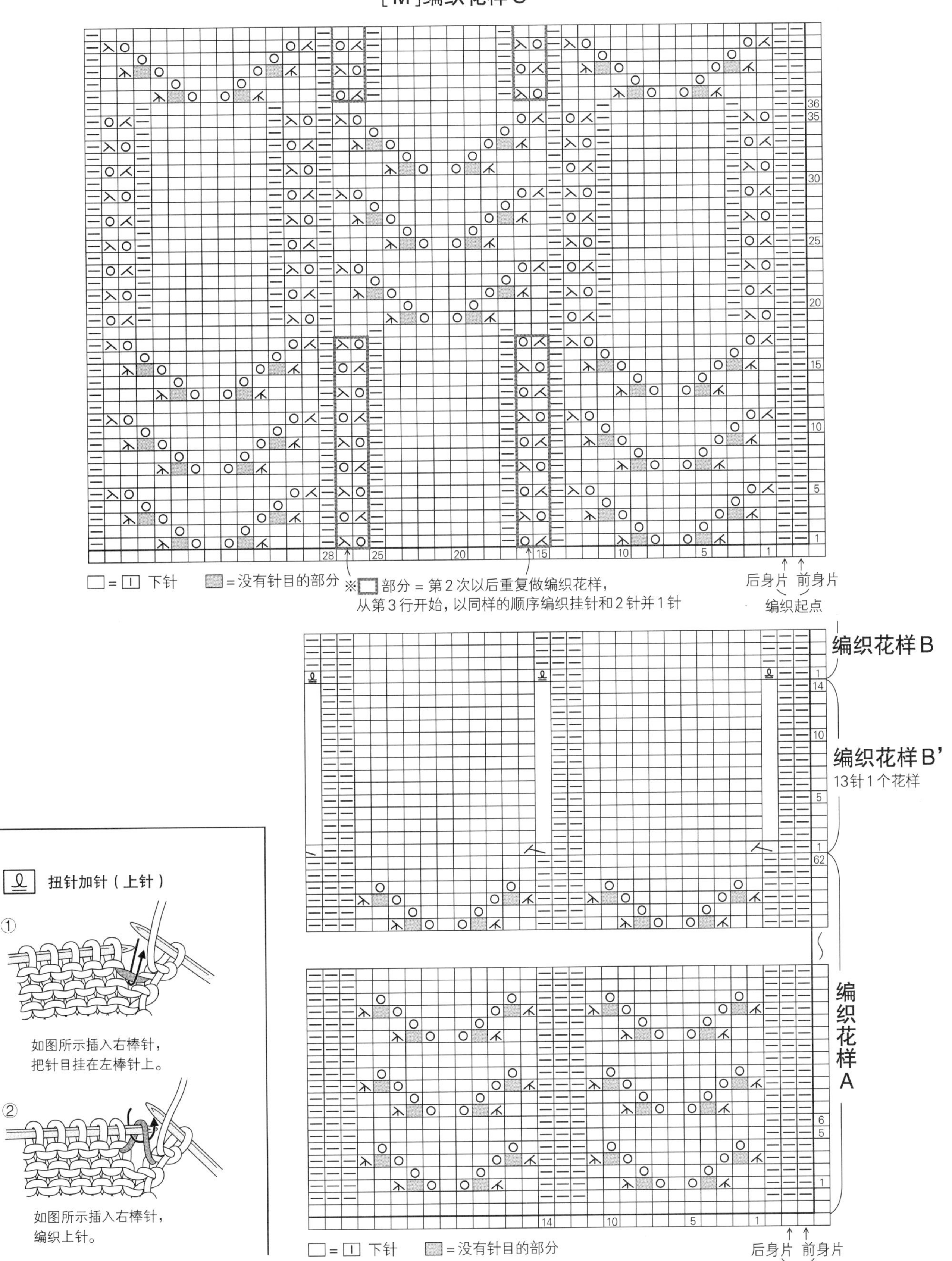

[M]编织花样C
□=⊡ 下针
▨=没有针目的部分
※□部分＝第2次以后重复做编织花样，
从第3行开始，以同样的顺序编织挂针和2针并1针
后身片 前身片
编织起点
编织花样B
编织花样B'
13针1个花样
编织花样A
□=⊡ 下针
▨=没有针目的部分
后身片 前身片
编织起点
扭针加针（上针）
①
如图所示插入右棒针，
把针目挂在左棒针上。
②
如图所示插入右棒针，
编织上针。

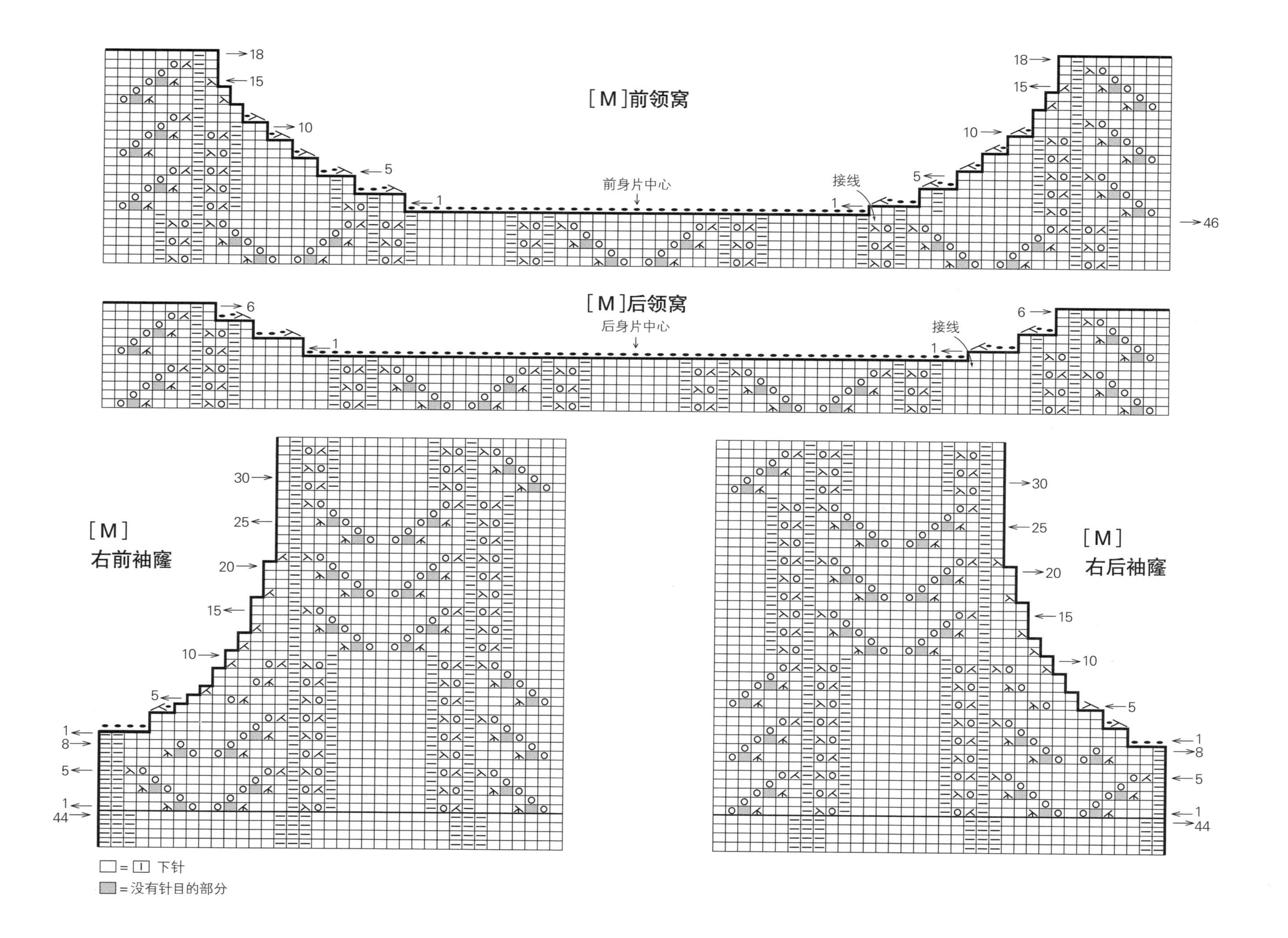

[M]前领窝
前身片中心
接线
[M]后领窝
后身片中心
接线
[M]
右前袖窿
[M]
右后袖窿
□=□ 下针
▒=没有针目的部分

[M]袖

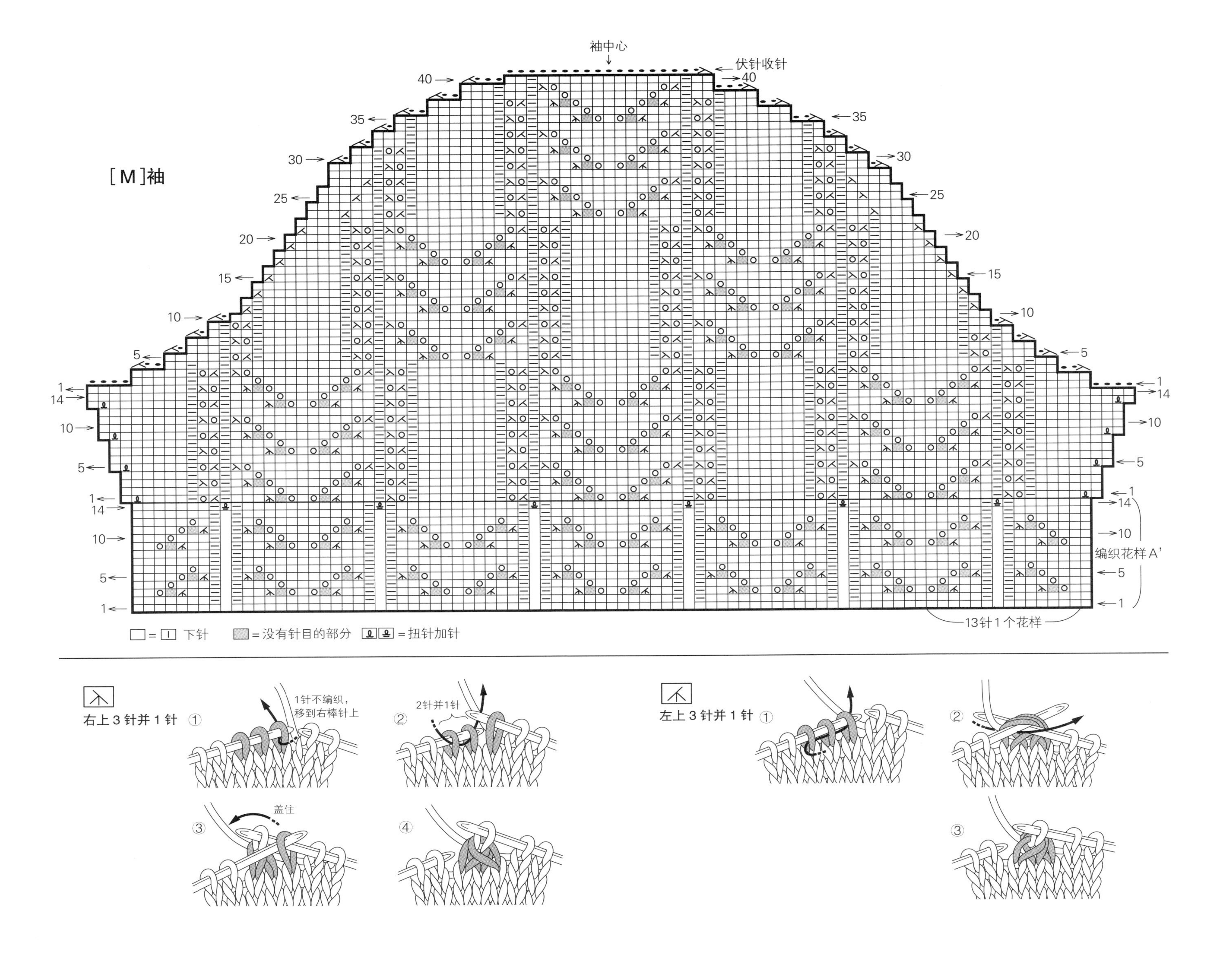
袖中心
伏针收针
40
35
30
25
20
15
10
5
1
14
编织花样A'
13针1个花样
□ = ⊟ 下针
▒ = 没有针目的部分
= 扭针加针
右上3针并1针
①
1针不编织，移到右棒针上
②
2针并1针
③
盖住
④
左上3针并1针
①
②
③

[L]编织花样C

□ = ⊡ 下针　▩ = 没有针目的部分

※□部分 = 第2次以后重复做编织花样，从第3行开始，以同样的顺序编织挂针和2针并1针

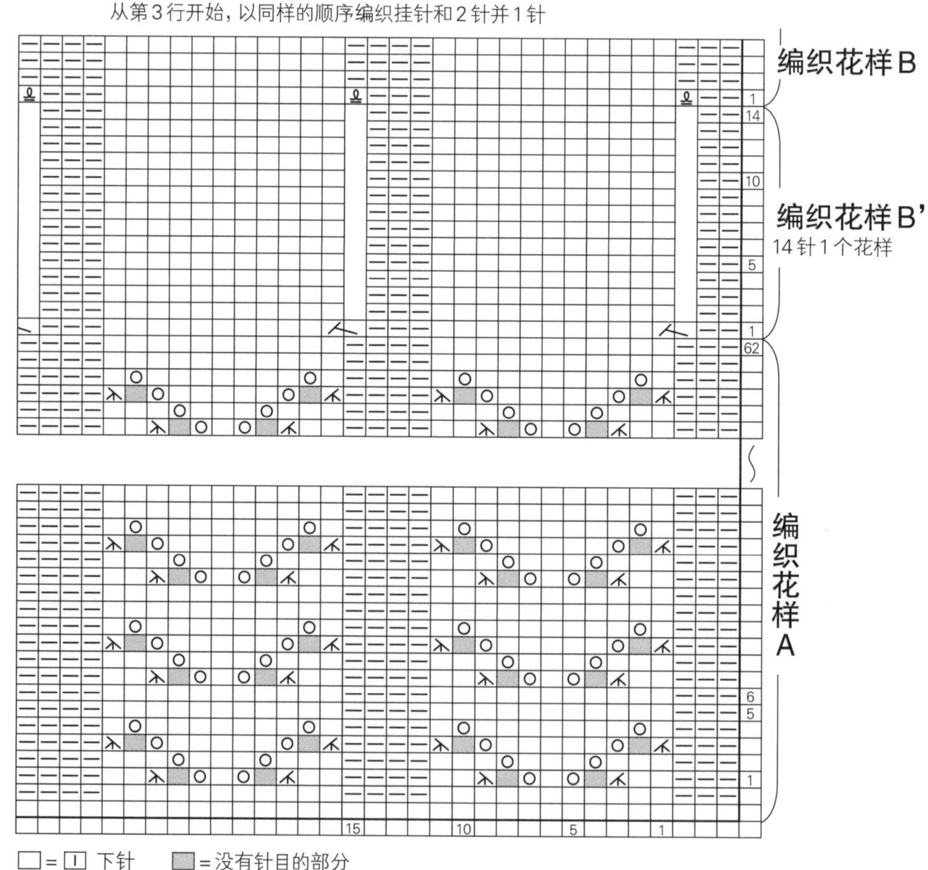

□ = ⊡ 下针　▩ = 没有针目的部分

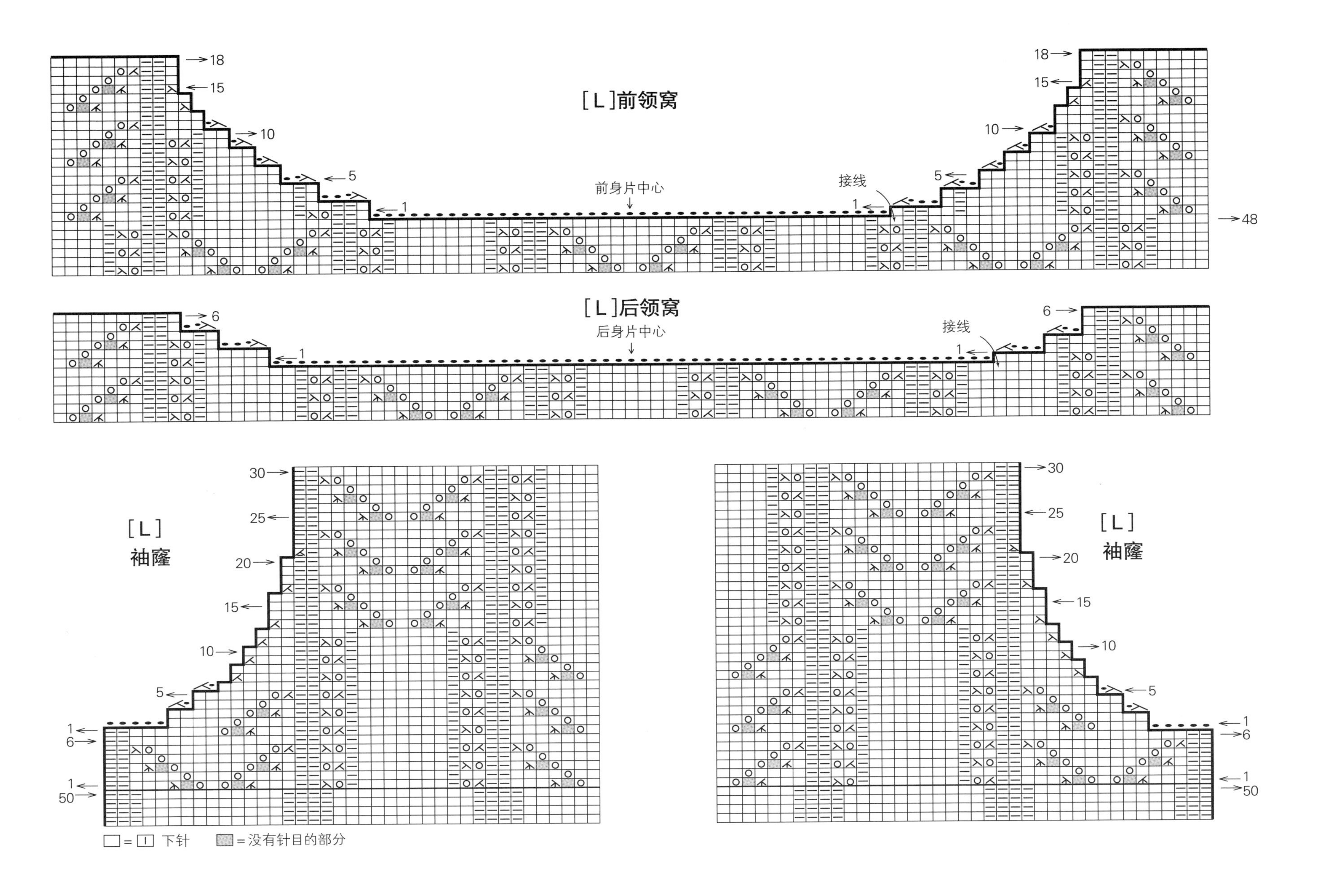
[L]前领窝
前身片中心
接线
[L]后领窝
后身片中心
接线
[L]
袖窿
[L]
袖窿
□=□ 下针
■=没有针目的部分

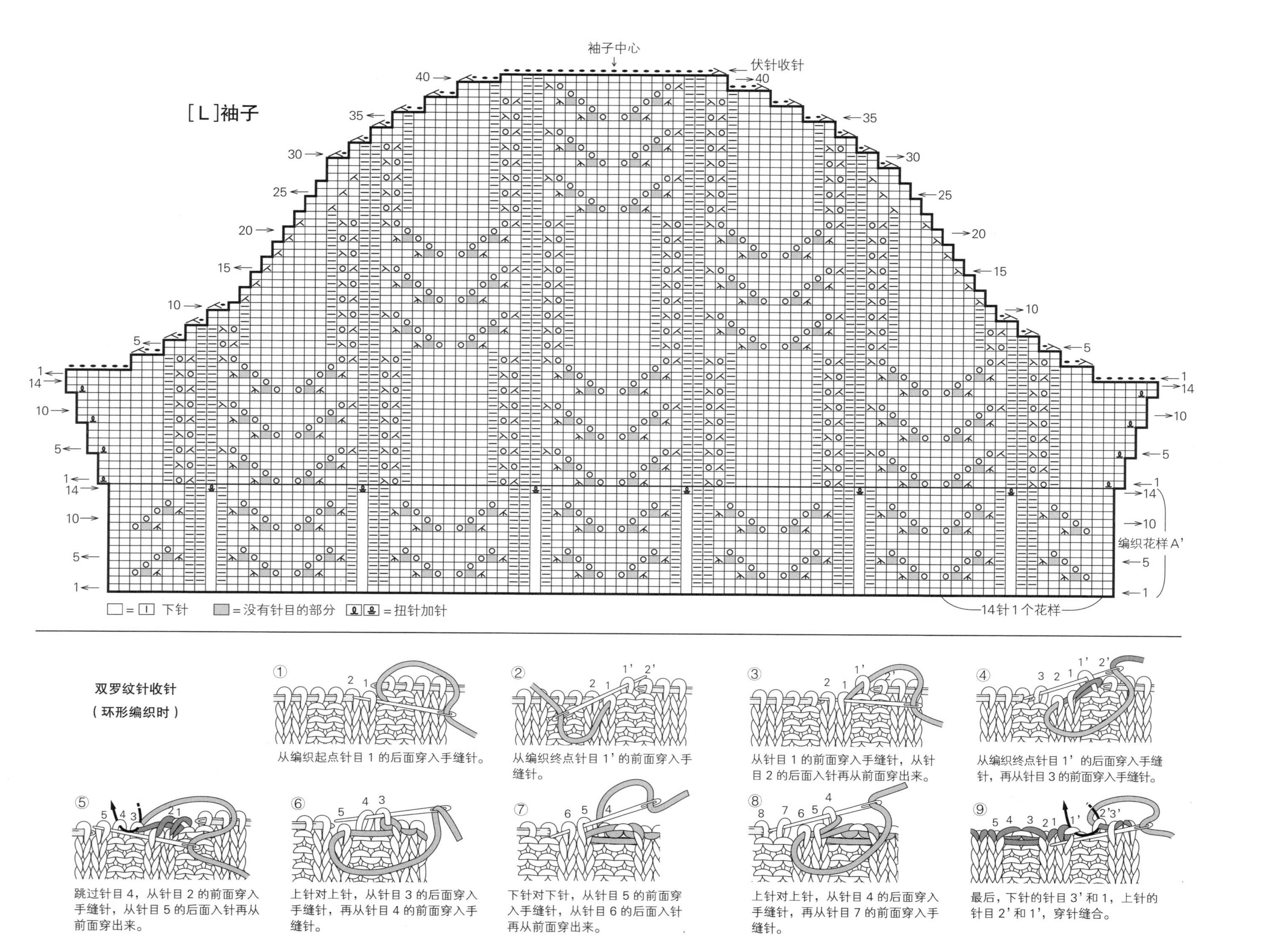
[L]袖子
袖子中心
伏针收针
编织花样A'
14针1个花样
□=□ 下针
=没有针目的部分
=扭针加针
双罗纹针收针
（环形编织时）
① 从编织起点针目1的后面穿入手缝针。
② 从编织终点针目1'的前面穿入手缝针。
③ 从针目1的前面穿入手缝针，从针目2的后面入针再从前面穿出来。
④ 从编织终点针目1'的后面穿入手缝针，再从针目3的前面穿入手缝针。
⑤ 跳过针目4，从针目2的前面穿入手缝针，从针目5的后面入针再从前面穿出来。
⑥ 上针对上针，从针目3的后面穿入手缝针，再从针目4的前面穿入手缝针。
⑦ 下针对下针，从针目5的前面穿入手缝针，从针目6的后面入针再从前面穿出来。
⑧ 上针对上针，从针目4的后面穿入手缝针，再从针目7的前面穿入手缝针。
⑨ 最后，下针的针目3'和1，上针的针目2'和1'，穿针缝合。

21

第29页

材料 和麻纳卡 Flax S 紫色（25）[M]300g/12团，[L]335g/14团

工具 棒针11、9号，钩针10/0号

成品尺寸 [M]胸围80cm，衣长52cm，连肩袖长34.5cm；[L]胸围88cm，衣长55cm，连肩袖长36.5cm

密度 10cm×10cm面积内：编织花样A 13针，25行

编织方法

后身片▶用9号棒针手指挂线起针，开始编织起伏针。然后换成11号棒针，按编织花样A编织。编织结束时休针备用。**前身片**▶与后身片同样编织。领窝减针时，2针及以上时编织伏针减针，1针时立起侧边1针减针。**组合**▶肩部做盖针钉缝，胁部做挑针缝合。衣领挑取指定针数后用棒针和钩针做边缘编织。**袖子**▶从前、后身片挑针，按编织花样A、B的顺序进行环形编织。编织结束时用钩针做边缘编织。

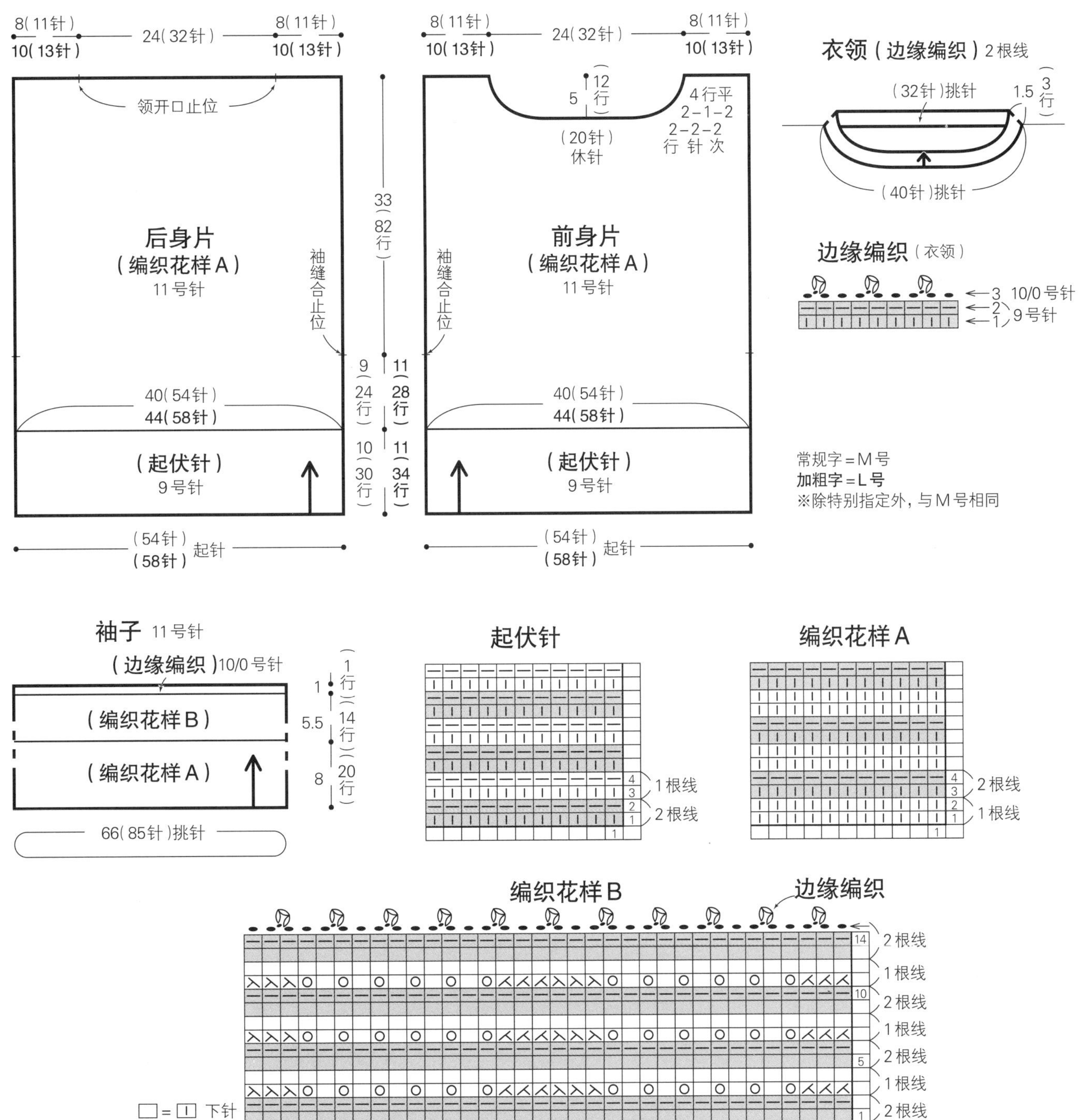

17

（第24页）

材料 和麻纳卡 LE GRAIN [M]淡紫色系（3）185g/7团，[L]深红色系（6）220g/8团；直径1.5cm的纽扣3颗（M、L号相同）

工具 棒针5号，钩针5/0号

成品尺寸 [M]胸围96cm，肩背宽36cm，衣长50.5cm，袖长23.5cm；[L]胸围100cm，肩背宽37cm，衣长53.5cm，袖长24.5cm

密度 10cm×10cm面积内：下针编织、编织花样均为22针，28行

编织方法

前、后身片▶手指挂线起针，按下针编织、编织花样编织。袖窿和领窝减针时，2针及以上时编织伏针减针，1针时立起侧边1针减针。肩部休针备用。

袖子▶与前、后身片同样编织。袖下加针时，在1针内侧做扭针加针。袖山减针时，2针及以上时编织伏针减针，1针时立起侧边1针减针。编织结束时做伏针收针。**组合**▶肩部做盖针钉缝，肋部做挑针缝合。下摆、前门襟和衣领的边缘编织，用钩针挑取指定针数后环形编织。在右前门襟编织扣眼。袖下做挑针缝合，袖口用钩针环形做边缘编织。将袖子和身片正面对齐，做引拔接合。

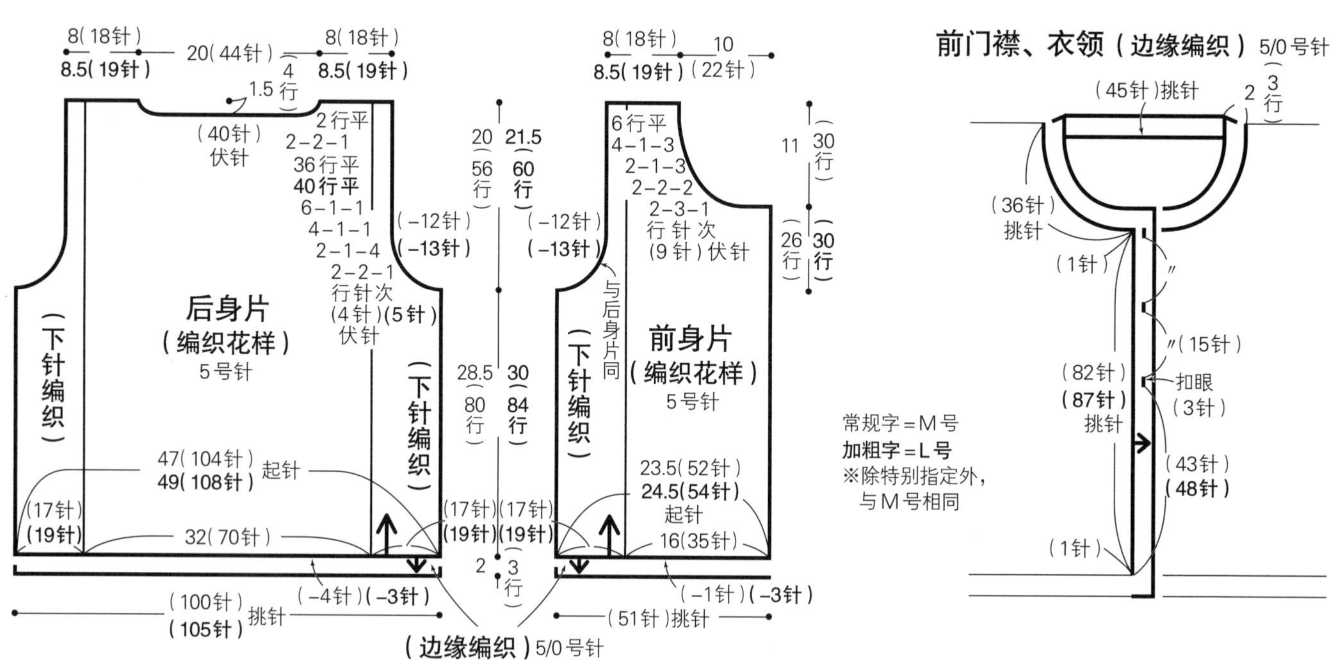

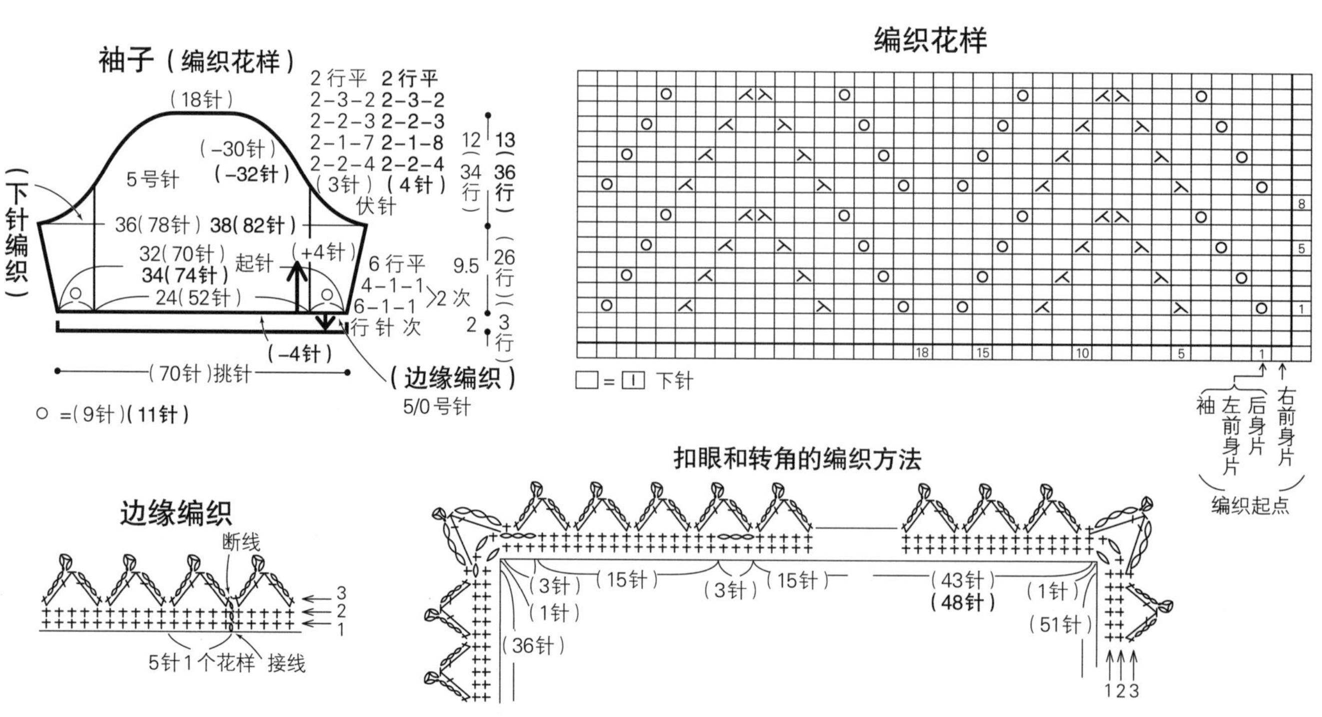

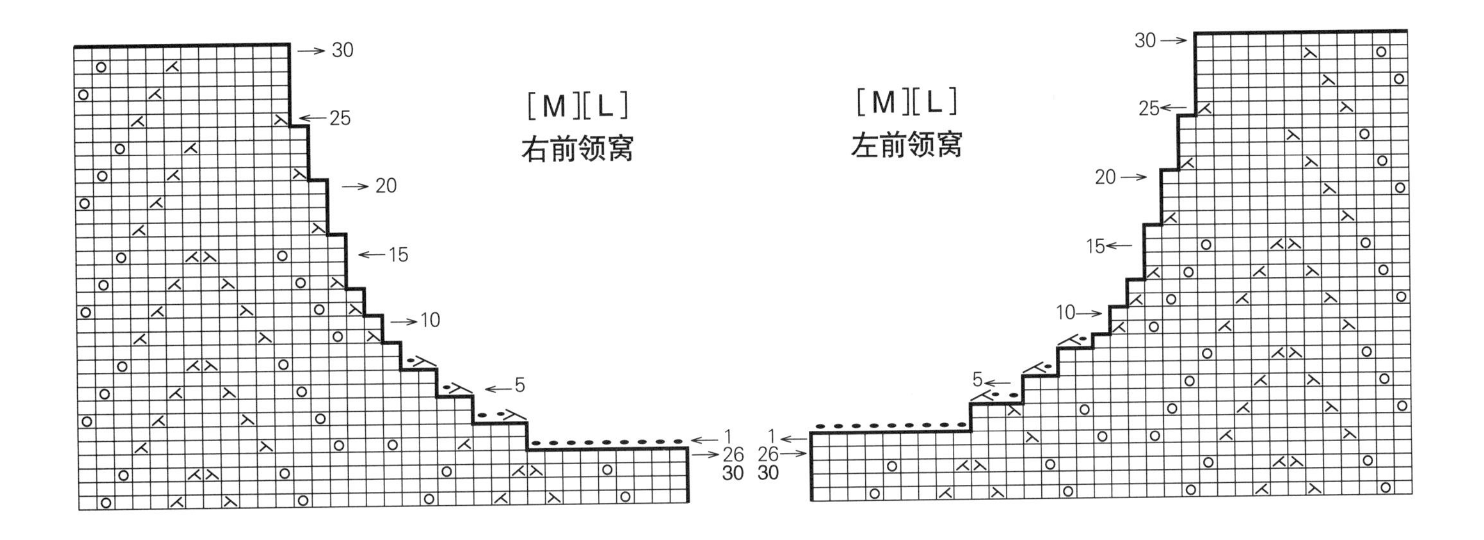
[M][L]
右前领窝
[M][L]
左前领窝
30
25
20
15
10
5
1
26
30

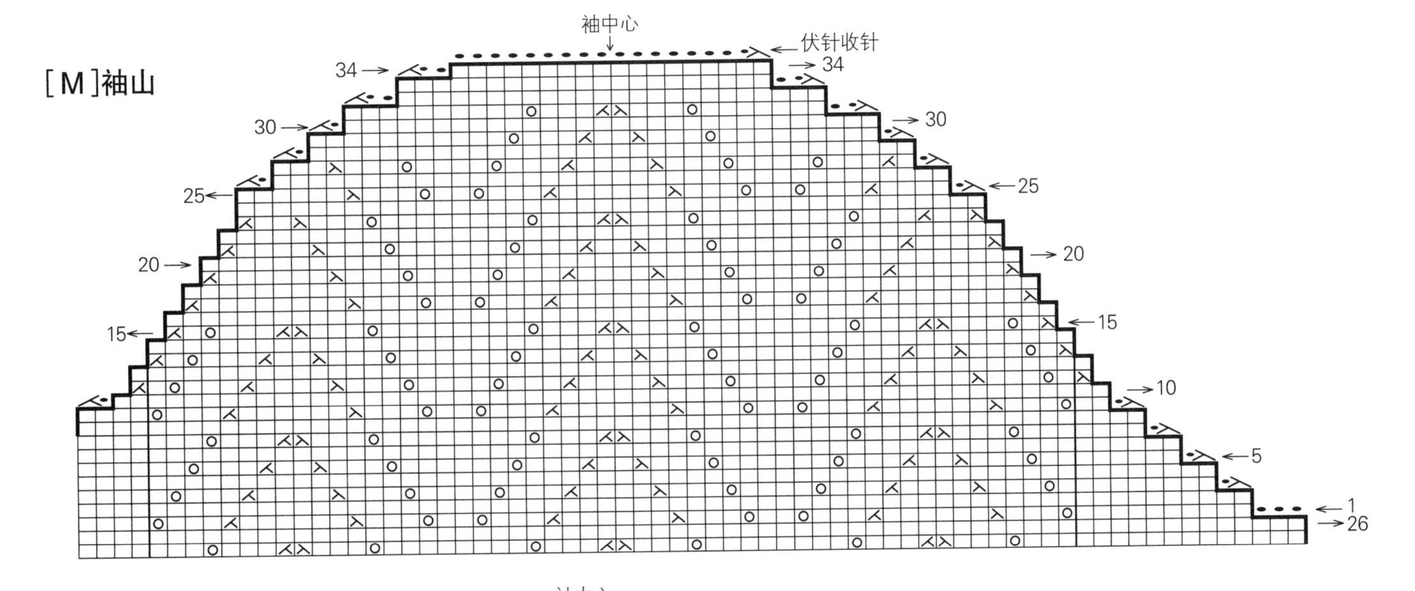
[M]袖山
袖中心
伏针收针
34
30
25
20
15
10
5
1
26

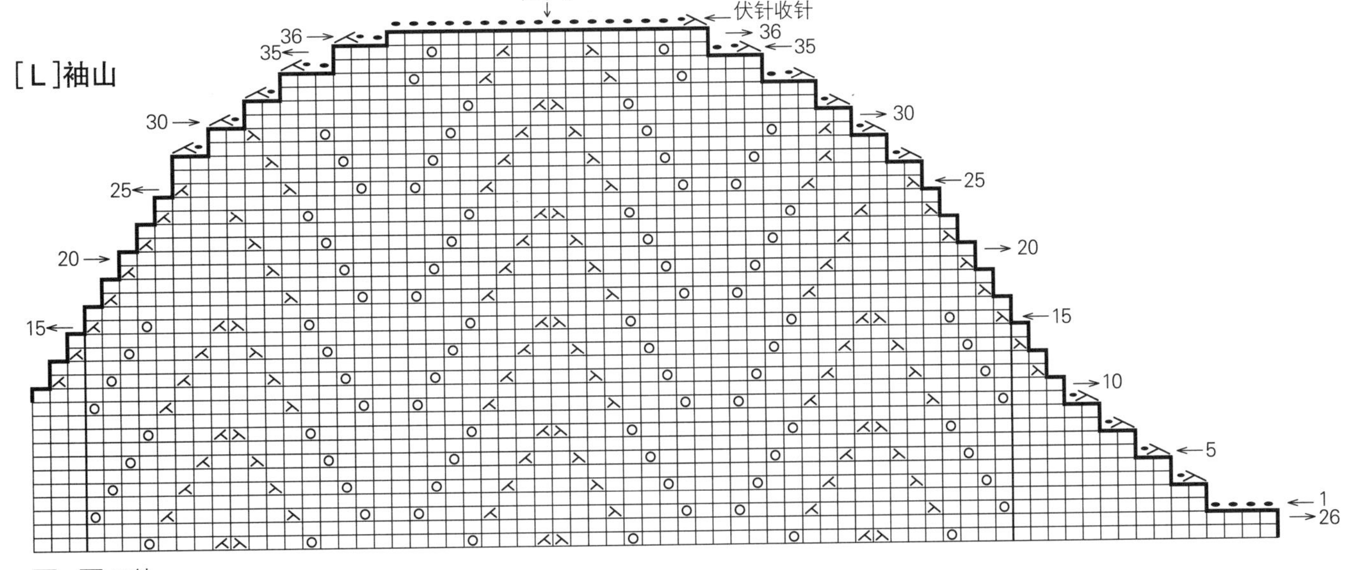
[L]袖山
袖中心
伏针收针
36
35
30
25
20
15
10
5
1
26

□=□ 下针

18

(第26页)

材料 和麻纳卡 Brillian 灰色（3）[M]265g/7团，[L]295g/8团

工具 棒针6号

成品尺寸 [M]胸围96cm，衣长53.5cm，连肩袖长41cm；[L]胸围108cm，衣长55.5cm，连肩袖长44cm

密度 10cm×10cm面积内：编织花样27针，32行；下针编织26针，34行

编织方法

前、后身片▶手指挂线起针，按起伏针、编织花样的顺序编织。领窝减针时，2针及以上时编织伏针减针，1针时立起侧边1针减针。肩部休针备用。**组合**▶肩部做盖针钉缝。袖子从前、后身片的接袖位置挑取指定针数，按下针编织、起伏针的顺序做往返编织。袖下减针时，为立起侧边1针减针。编织结束时做伏针收针。胁部和袖下做挑针缝合。衣领挑取指定针数后编织起伏针，编织结束时做伏针收针。

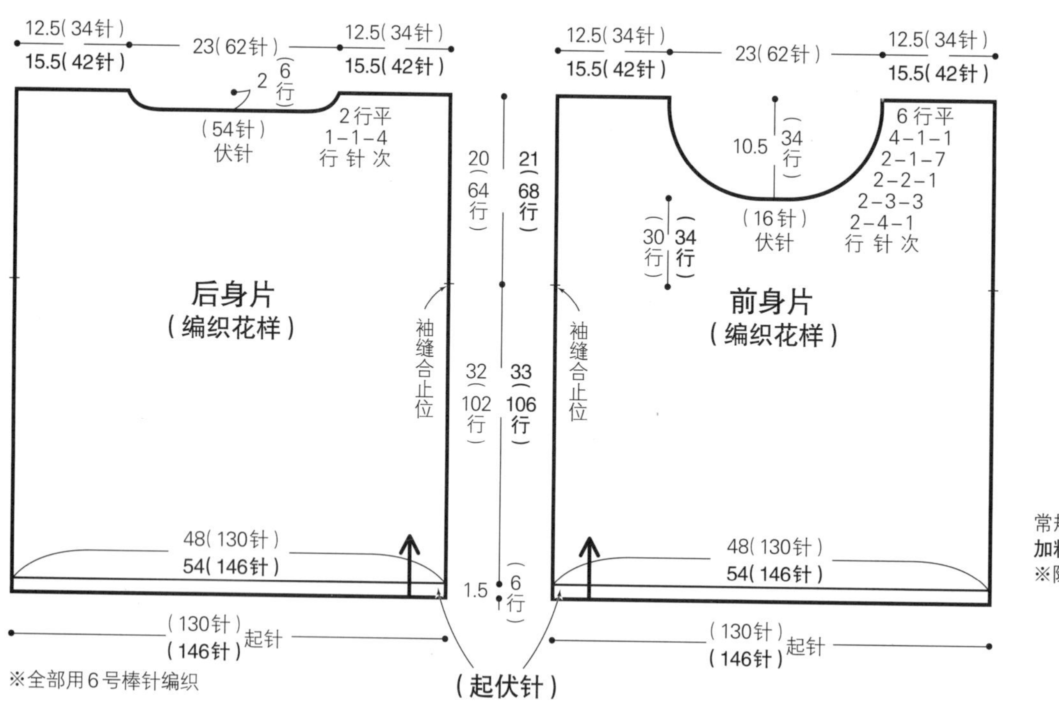

常规字=M号
加粗字=L号
※除特别指定外，与M号相同

编织花样

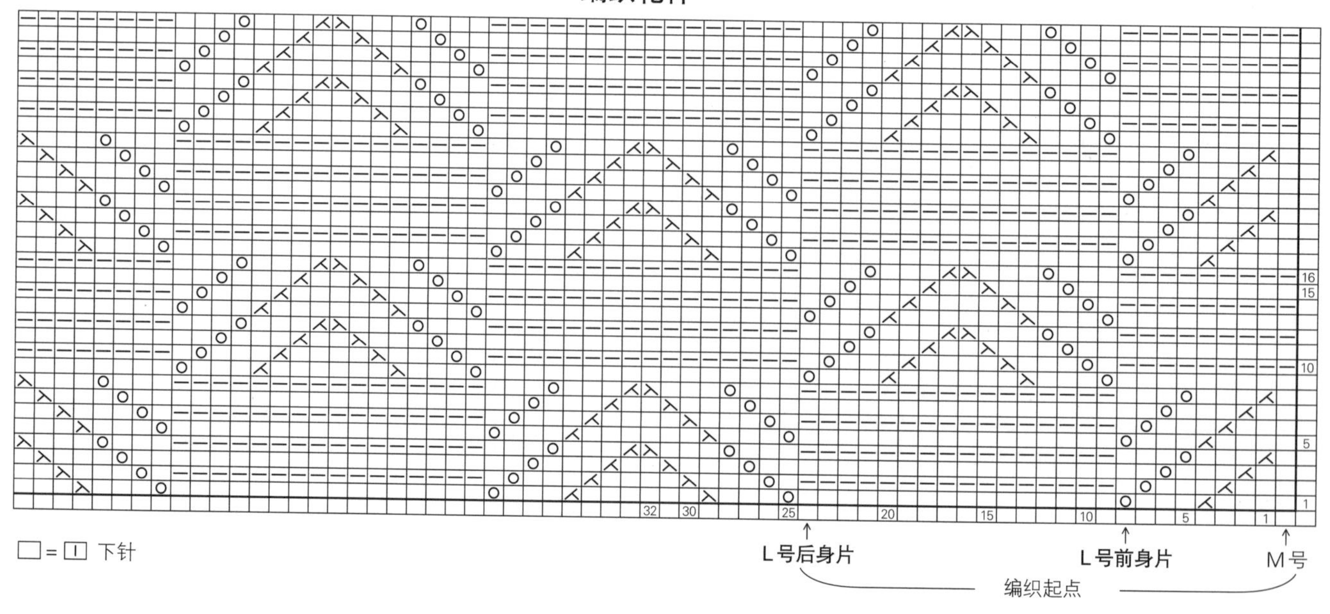

□=▯ 下针

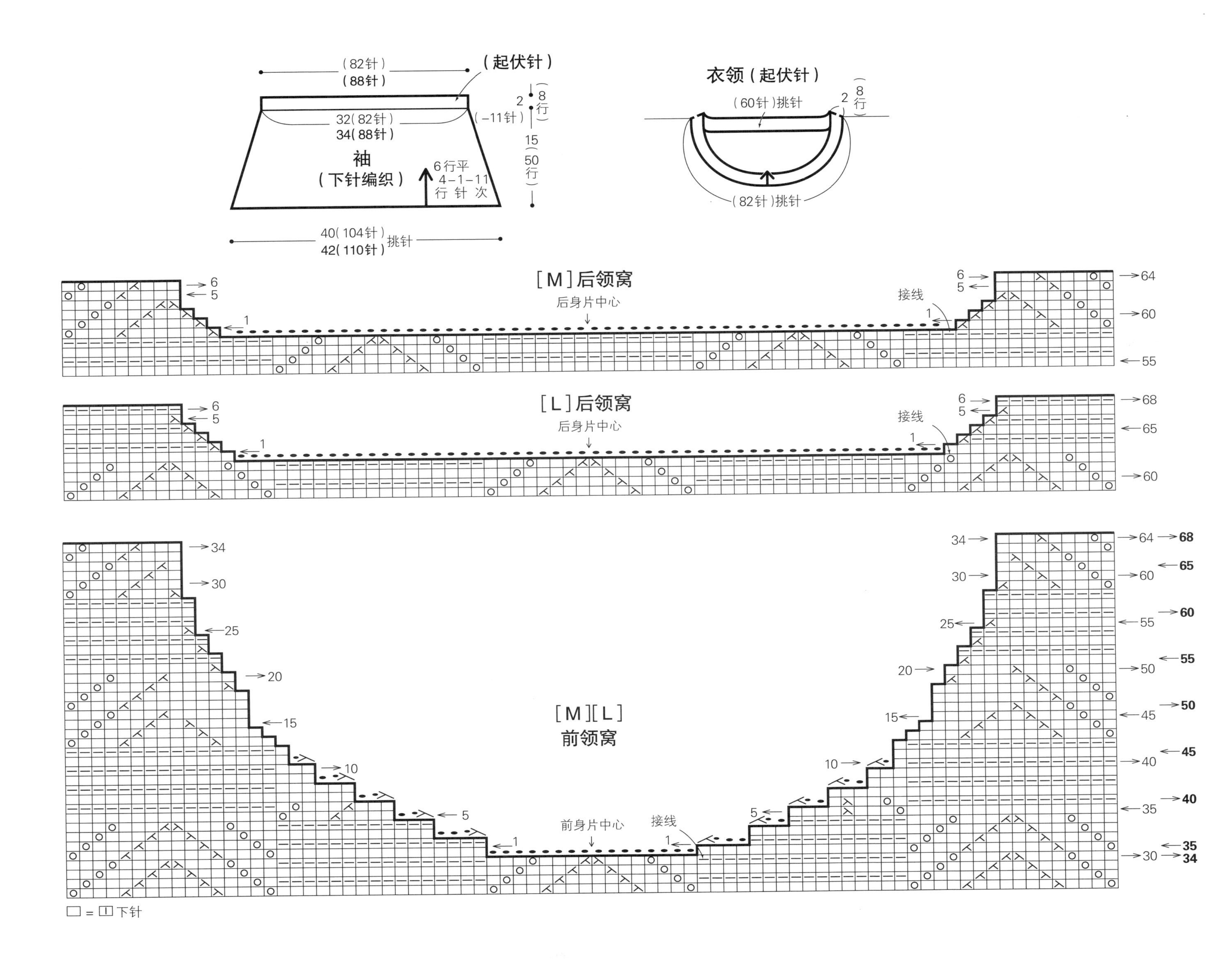
(82针)
(88针)
(起伏针)
2
8行
32(82针)
34(88针)
(-11针)
15
(50行)
袖
(下针编织)
6行平
4-1-11
行 针 次
40(104针)
42(110针)挑针
衣领(起伏针)
(60针)挑针
2
8行
(82针)挑针
[M]后领窝
后身片中心
接线
[L]后领窝
后身片中心
接线
[M][L]
前领窝
前身片中心
接线
□=□下针

第27页

材料 和麻纳卡 PAREO原白色、灰色系段染（1）[M]260g/9团，[L]285g/10团

工具 棒针5、4号，钩针4/0号

成品尺寸 [M]胸围92cm，衣长53.5cm，连肩袖长27.5cm；[L]胸围96cm，衣长55.5cm，连肩袖长27.5cm

密度 10cm×10cm面积内：编织花样A 28针，38.5行；编织花样B、C均为29针，38.5行

编织方法

育克▶用4号棒针手指挂线起针，按起伏针做环形编织。换成5号棒针，做编织花样A。编织结束时将袖口与前、后身片的针目分开，休针备用。**前、后身片**▶从育克挑取指定针数，参照图示按编织花样B、C的顺序编织。袖窿加针时，1针时编织挂针和扭针的加针，2针及以上时编织卷针加针。**组合**▶胁部做挑针缝合。袖窿从育克和前、后身片挑取指定针数后编织起伏针，编织结束时做上针的伏针收针。编织领窝时，看着织物反面，在起针时的所有针目上钩织引拔针调整。

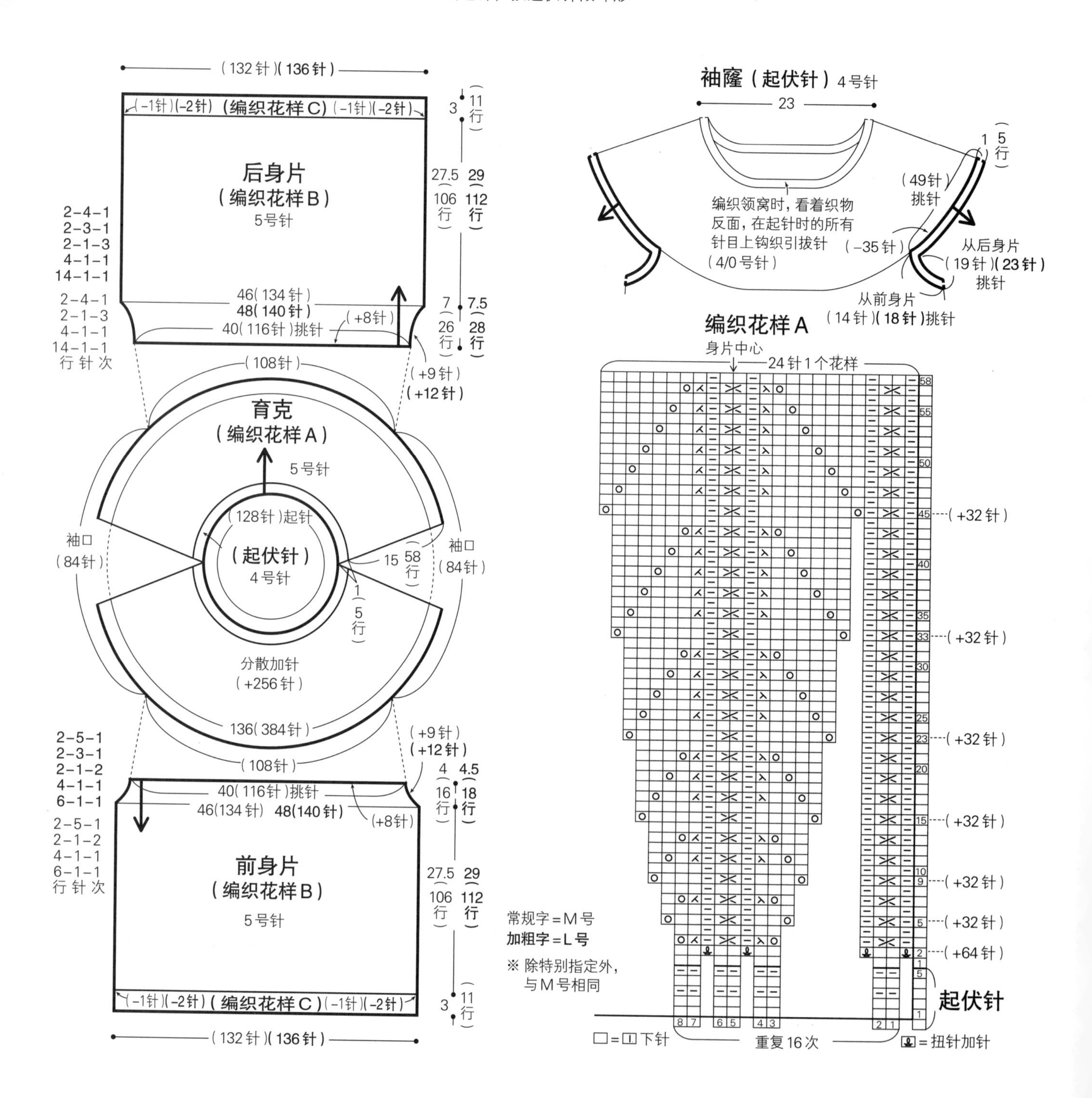

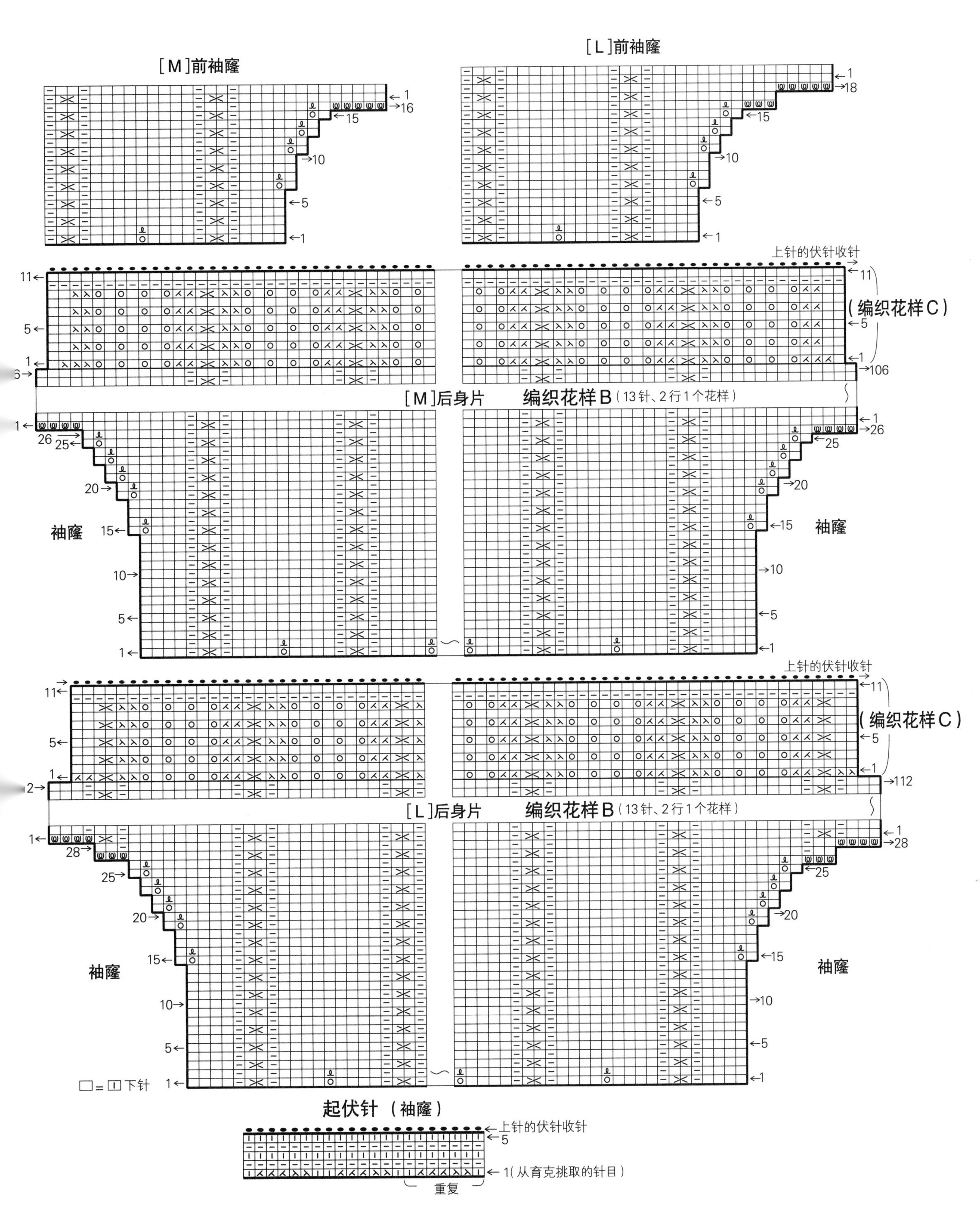

[M]前袖窿
[L]前袖窿
上针的伏针收针
(编织花样C)
[M]后身片
编织花样B(13针、2行1个花样)
袖窿
[L]后身片
编织花样B(13针、2行1个花样)
袖窿
□=□下针
起伏针 (袖窿)
上针的伏针收针
1(从育克挑取的针目)
重复

20

第28页

材料 和麻纳卡 Email茶色、金色（8）[M]230g/10团，[L]255g/11团；直径2cm的纽扣6颗（M、L号相同）

工具 棒针5、4号

成品尺寸 [M]胸围93.5cm，肩背宽33cm，衣长56.5cm，袖长23.5cm；[L]胸围97.5cm，肩背宽34cm，衣长58.5cm，袖长23.5cm

密度 10cm×10cm面积内：下针编织24针，32行；编织花样23针，32行

编织方法

前、后身片▶用4号棒针手指挂线起针，编织双罗纹针。换成5号棒针，继续按下针编织和编织花样进行编织。袖窿和领窝减针时，2针及以上时编织伏针减针，1针时立起侧边1针减针。肩部休针备用。**袖子**▶与前、后身片同样编织。袖下加针时，在1针内侧编织扭针加针，袖山减针时，2针及以上时编织伏针减针，1针时立起侧边1针减针。编织结束时做伏针收针。**组合**▶肩部做盖针钉缝，胁部做挑针缝合。前门襟和衣领挑取指定针数后编织双罗纹针。在右前门襟编织扣眼。编织结束时做下针织下针、上针织上针的伏针收针。袖下做挑针缝合，然后将袖子和身片正面相对，做引拔接合。

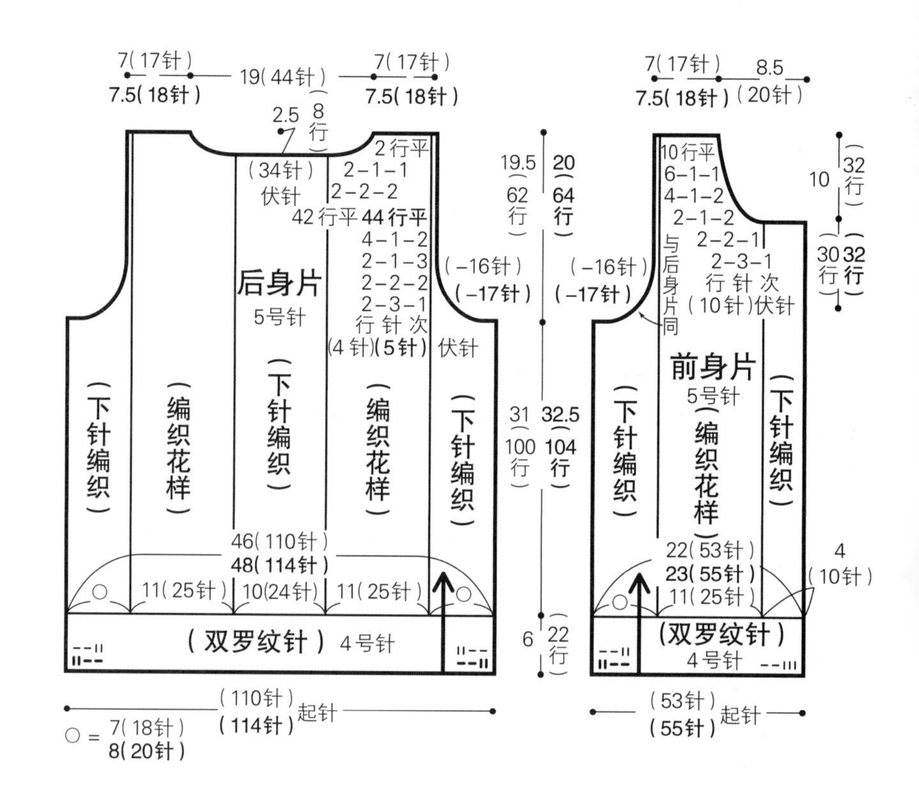

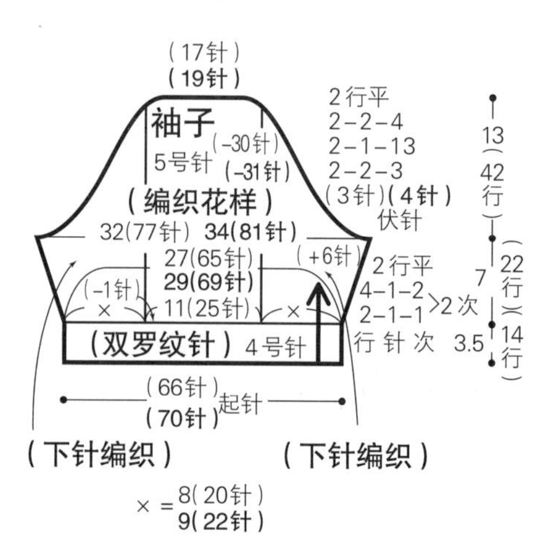

前门襟、衣领（双罗纹针）

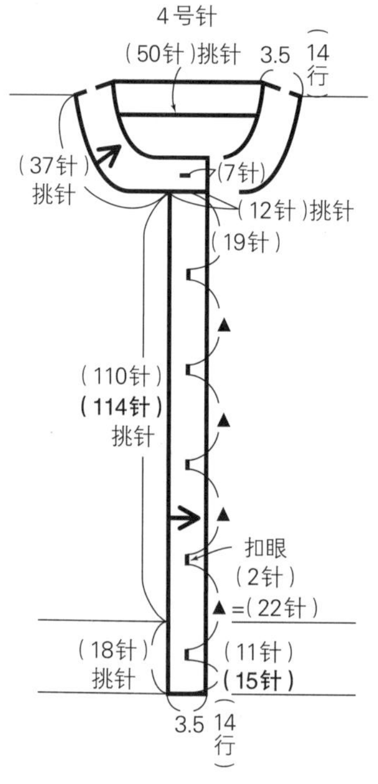

常规字＝M号

加粗字＝L号

※除特别指定外，与M号相同

编织花样

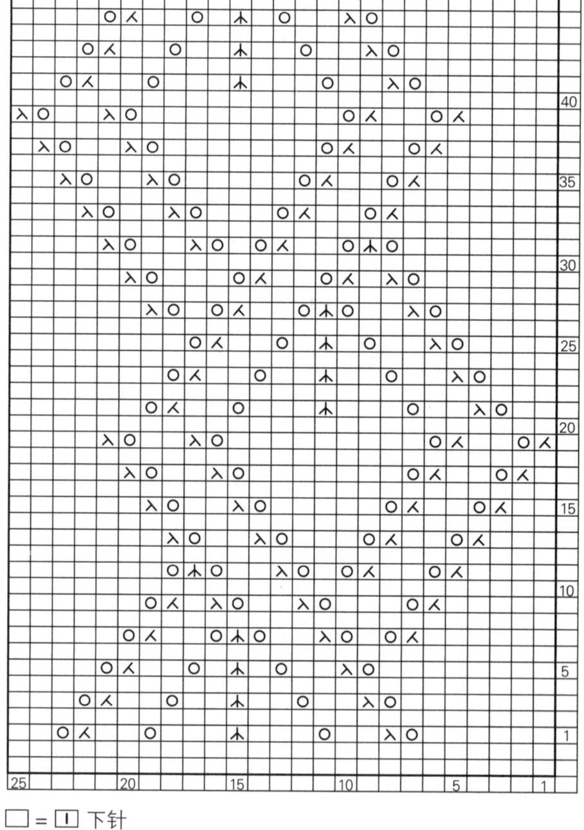

□＝Ⅰ 下针

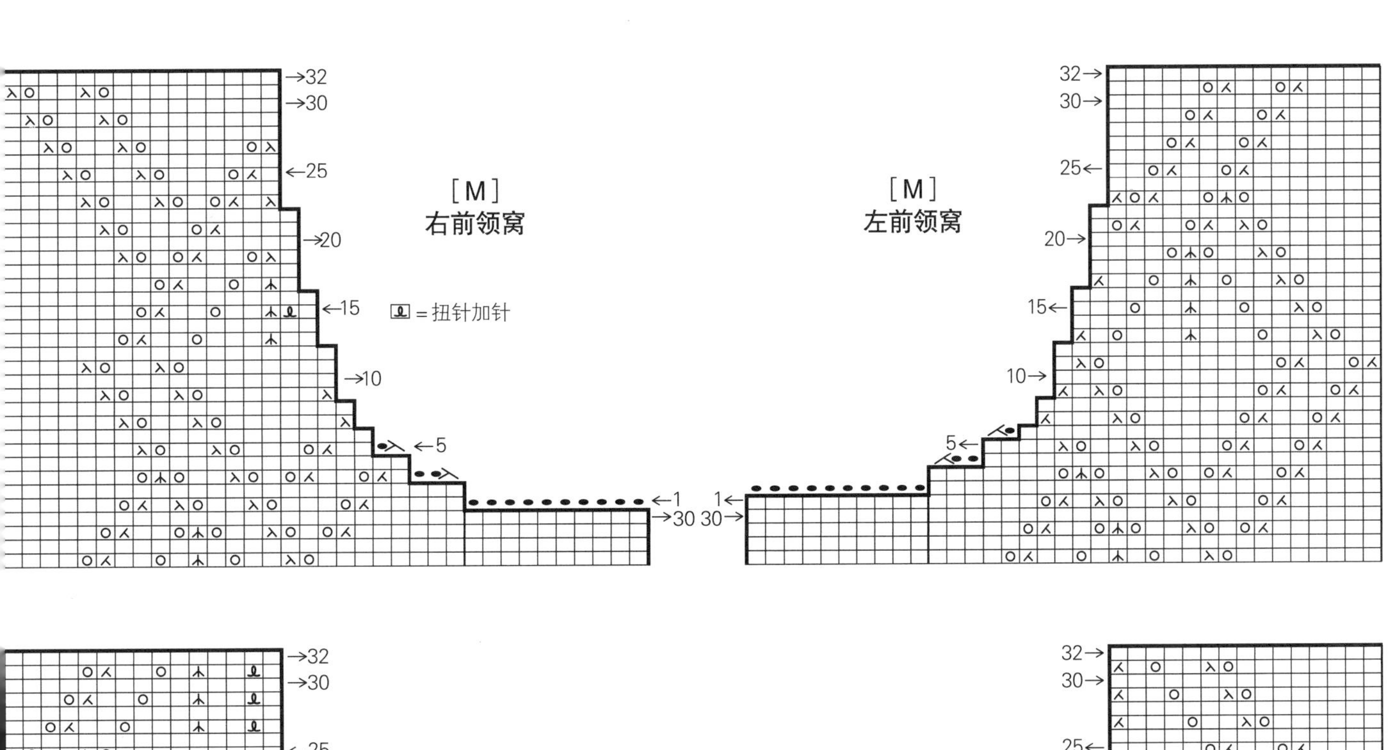

[M]
右前领窝
[M]
左前领窝
=扭针加针
32
30
25
20
15
10
5
1
30 30

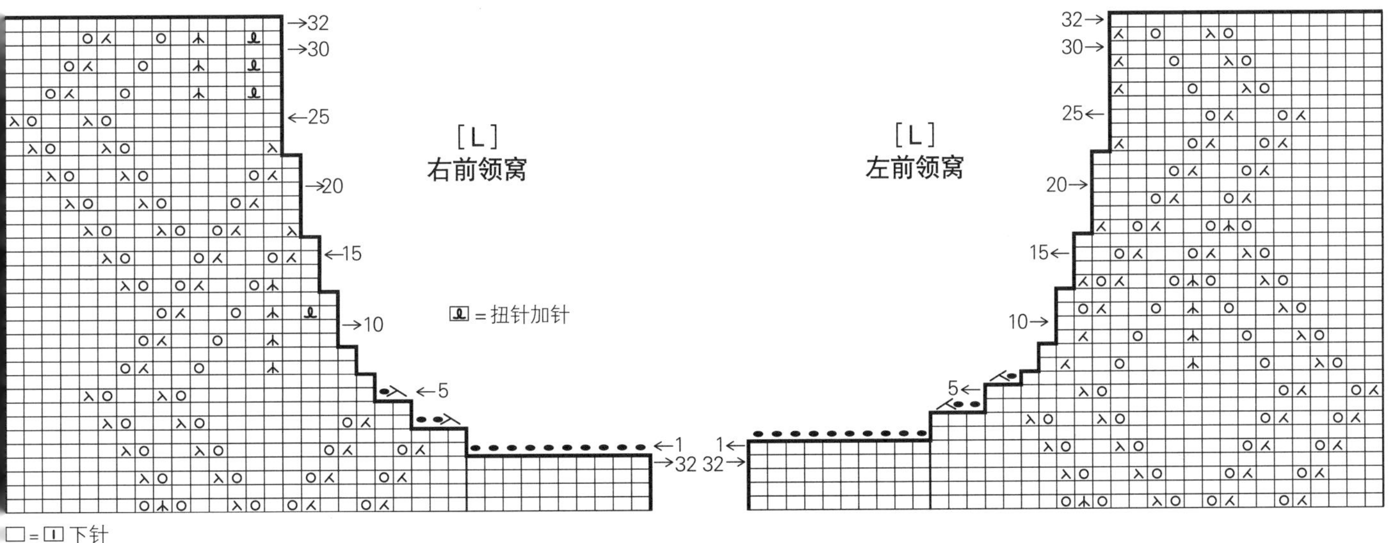

[L]
右前领窝
[L]
左前领窝
=扭针加针
32
30
25
20
15
10
5
1
32 32

□=□ 下针

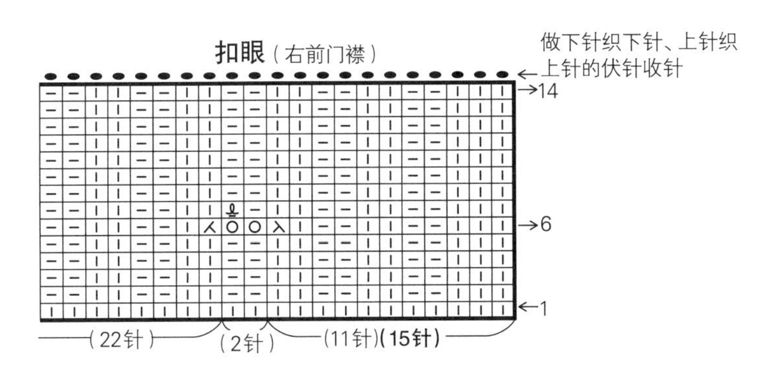

扣眼（右前门襟）
做下针织下针、上针织上针的伏针收针
14
6
1
（22针）
（2针）
（11针）(15针)

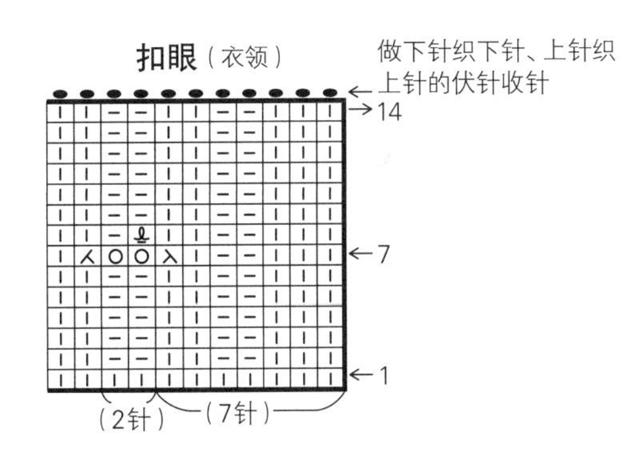

扣眼（衣领）
做下针织下针、上针织上针的伏针收针
14
7
1
（2针）
（7针）

22

第30页

材料 和麻纳卡 Flax K 沙米色（14）160g/7团

工具 棒针5号

成品尺寸 衣长44cm，下摆长178cm

密度 10cm×10cm面积内：编织花样A 22针，27行；编织花样B 21针，30行

编织方法

披肩▶用线头绕成圆环，从圆环中挂线拉出后起针开始编织。参照图示，按编织花样A和起伏针编织，由中心向左、右对称编织。编织花样A完成后，继续按编织花样B和起伏针编织。编织结束时做上针的伏针收针。

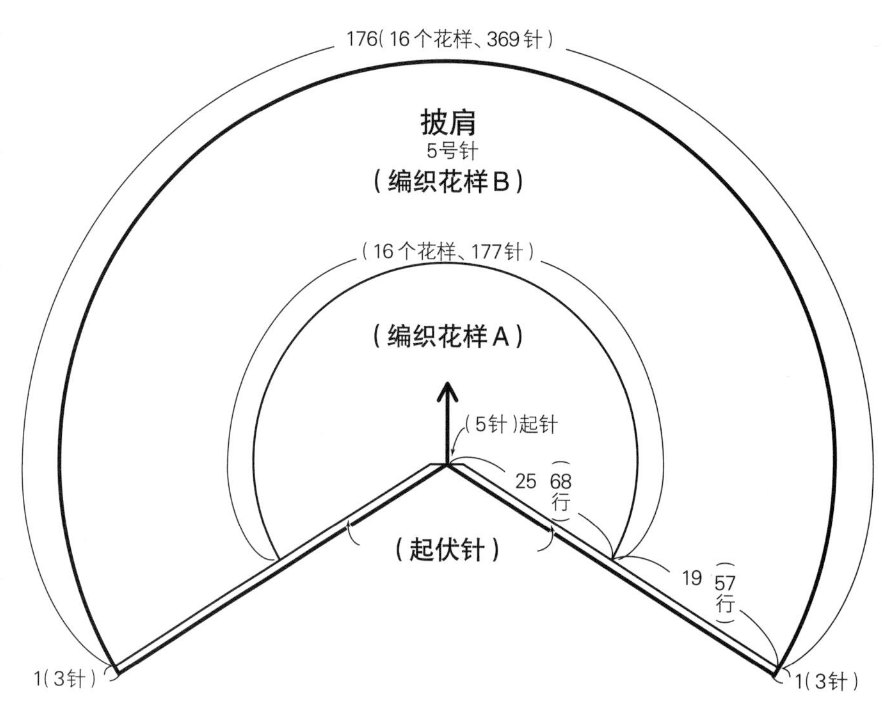

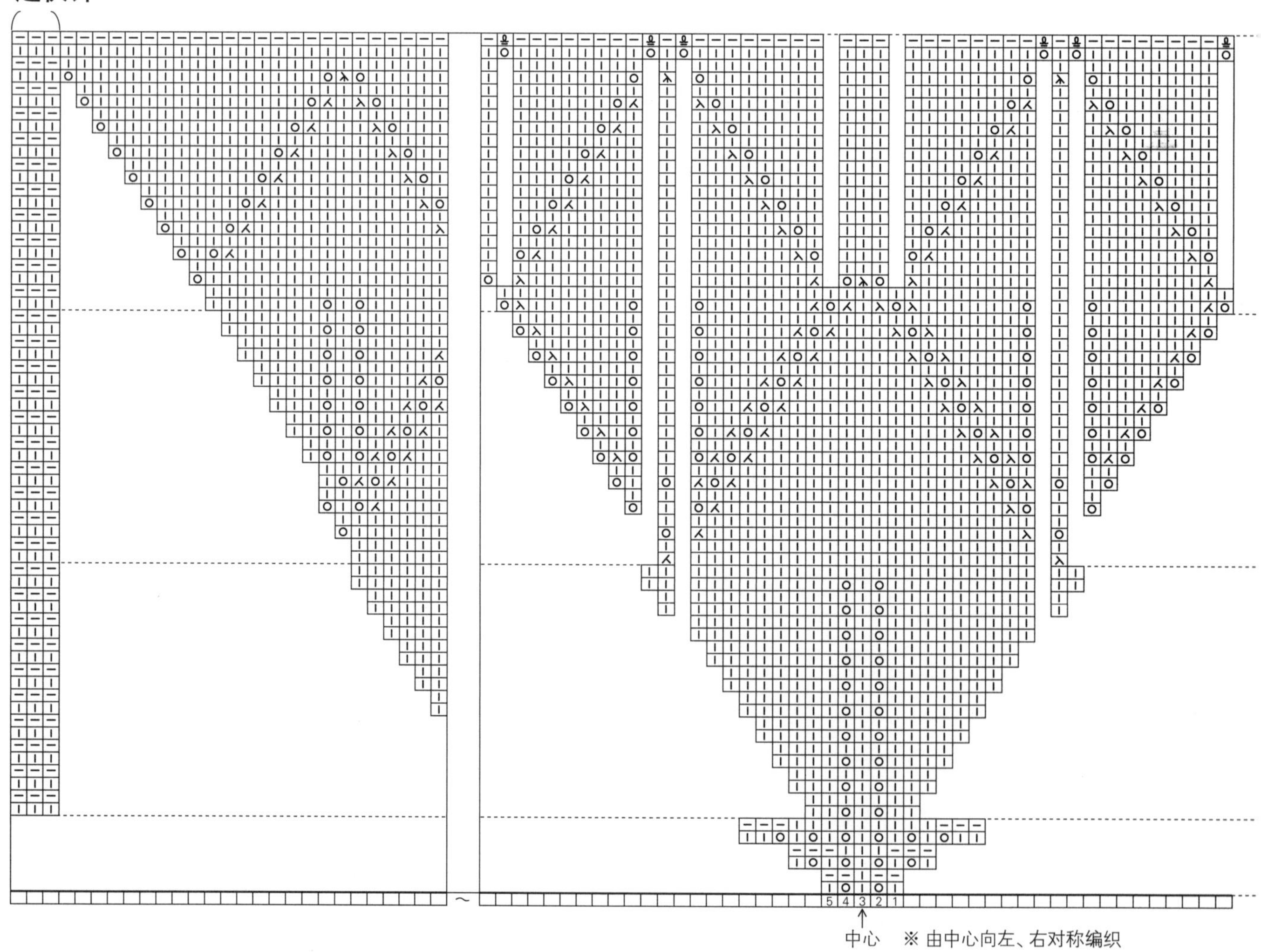

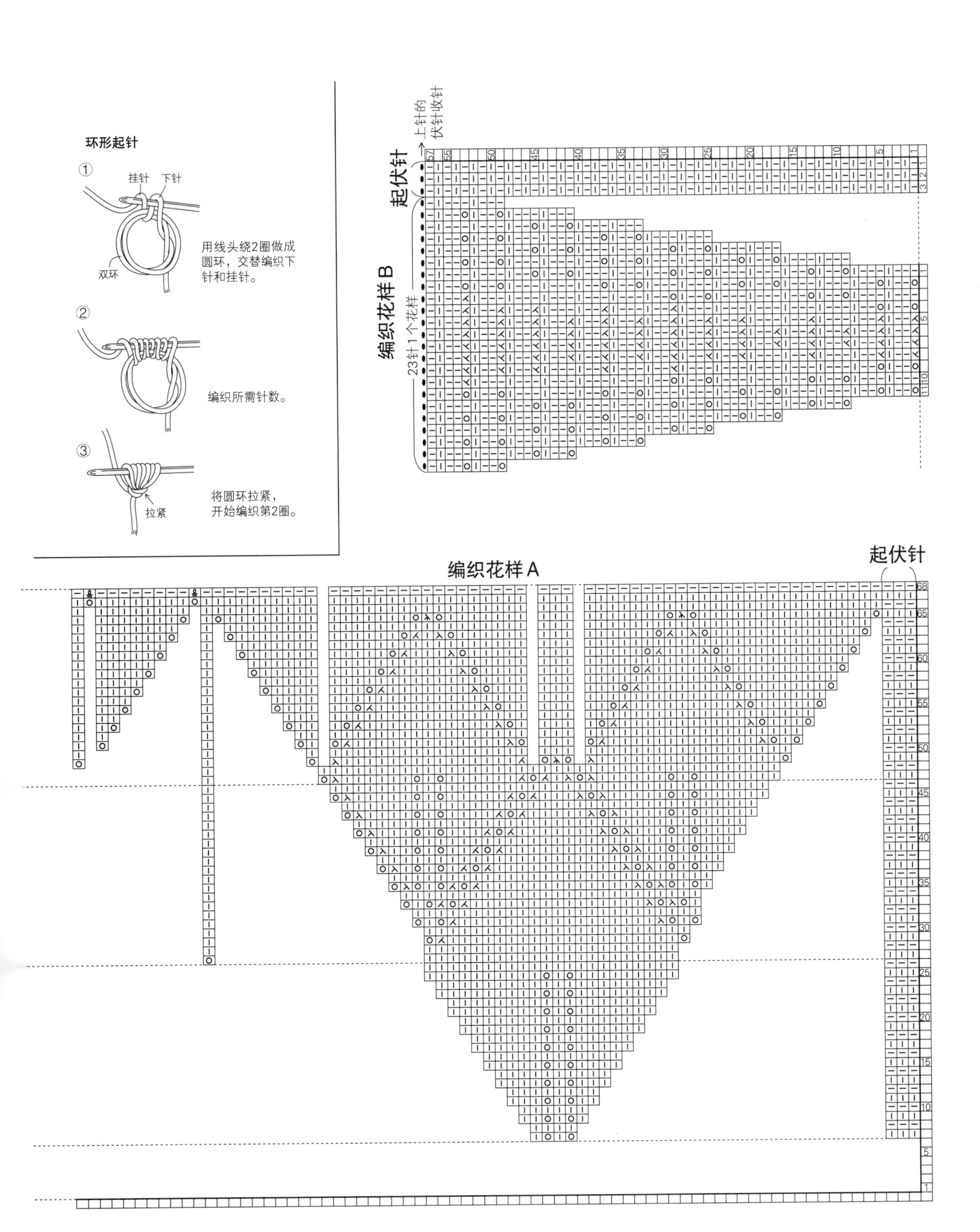
环形起针
①
挂针
下针
双环
用线头绕2圈做成圆环，交替编织下针和挂针。
②
编织所需针数。
③
拉紧
将圆环拉紧，开始编织第2圈。
上针的伏针收针
起伏针
编织花样B
23针1个花样
编织花样A
起伏针

23

第31页

材料 和麻纳卡 LE GRAIN 粉红色系（2）[M、L相同]125g/5团

工具 棒针6号，钩针4/0号

成品尺寸 [M、L相同]衣长约44.5cm，连肩袖长约37.5cm

密度 10cm×10cm面积内：编织花样23针，25行

编织方法

玛格丽特披肩▶手指挂线起针，按编织花样进行编织。编织终点做伏针收针。袖下相同标记（☆与☆、★与★）处对齐后做引拔接合。衣领、下摆部分相同标记（◎、◉）处按边缘编织A做环形编织。袖口按边缘编织B做环形编织。

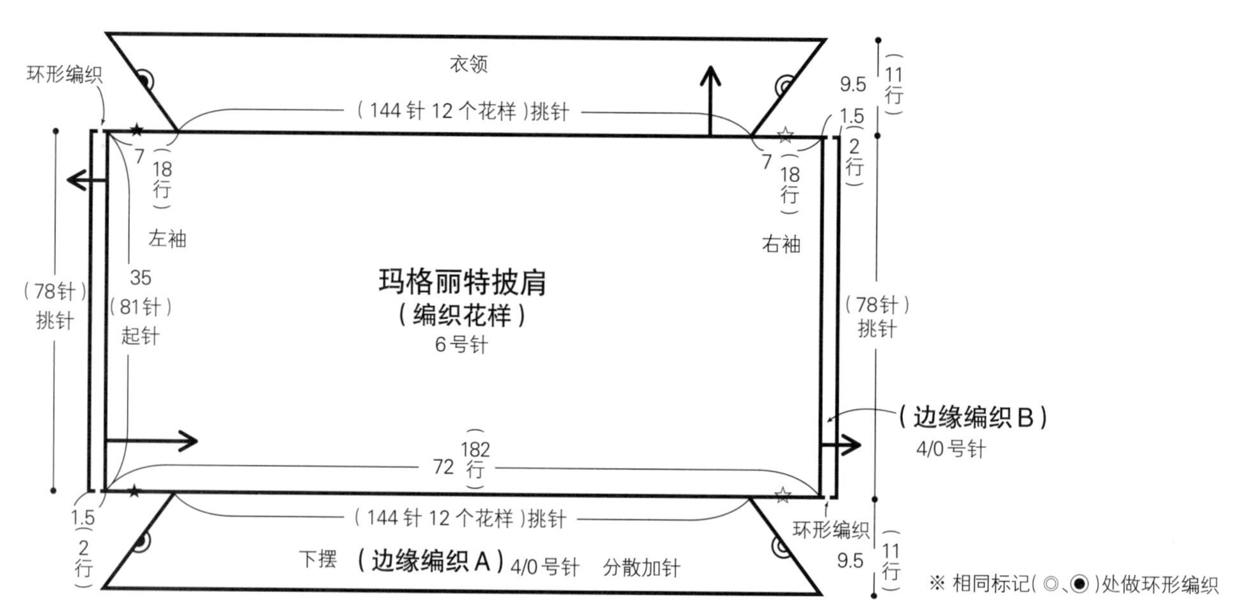

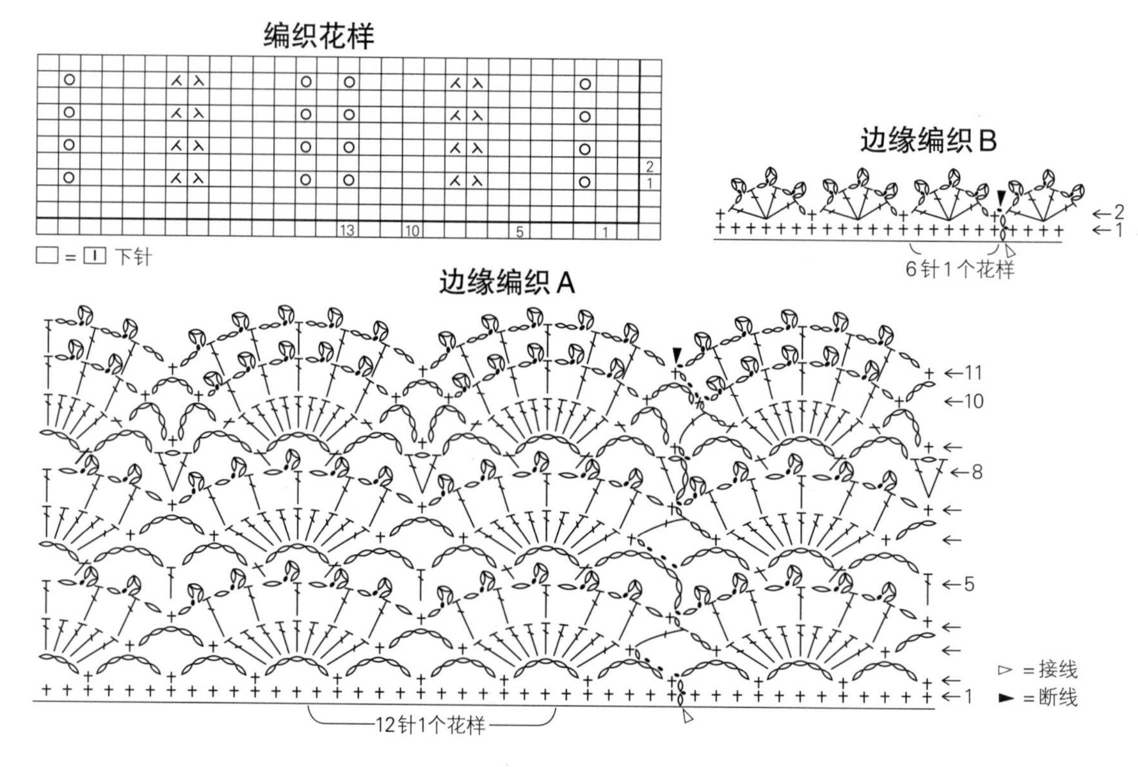

24

第31页

材料 和麻纳卡 凉感Coolier 深红色（10）90g/3团

工具 棒针6号

成品尺寸 宽16cm，长145cm

密度 10cm×10cm面积内：编织花样29针，20行

编织方法

围巾▶手指挂线起针，按编织花样进行编织。编织结束时做上针的伏针收针。

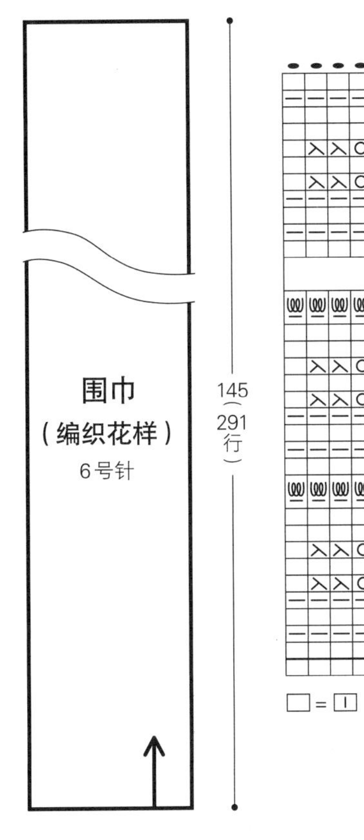

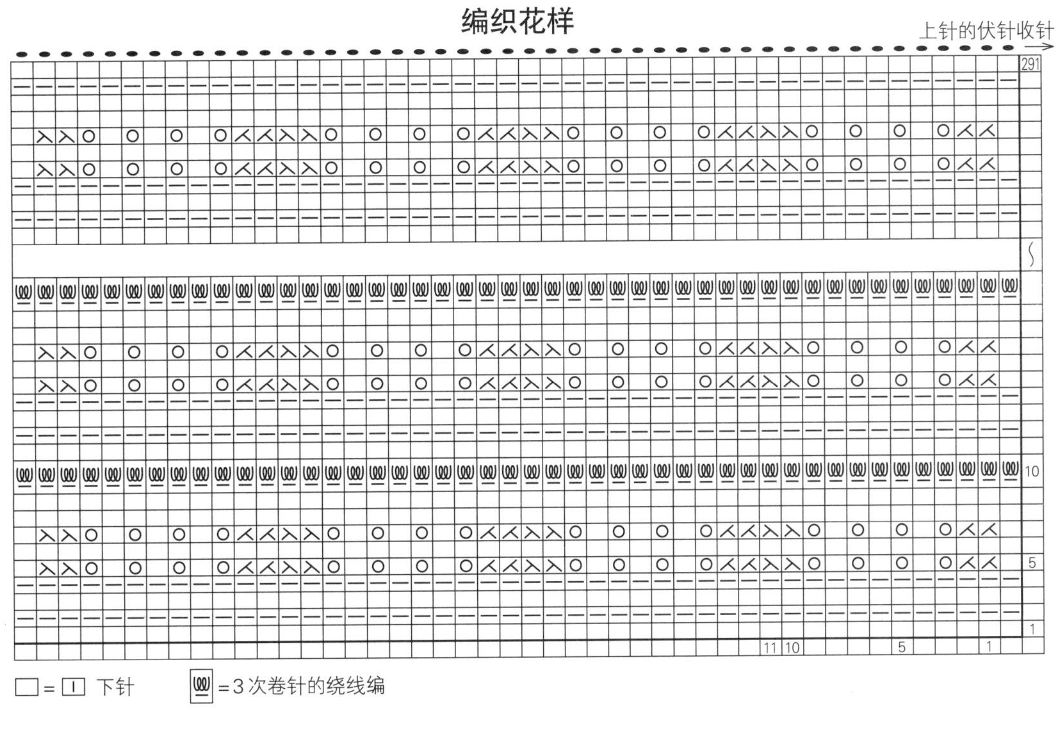

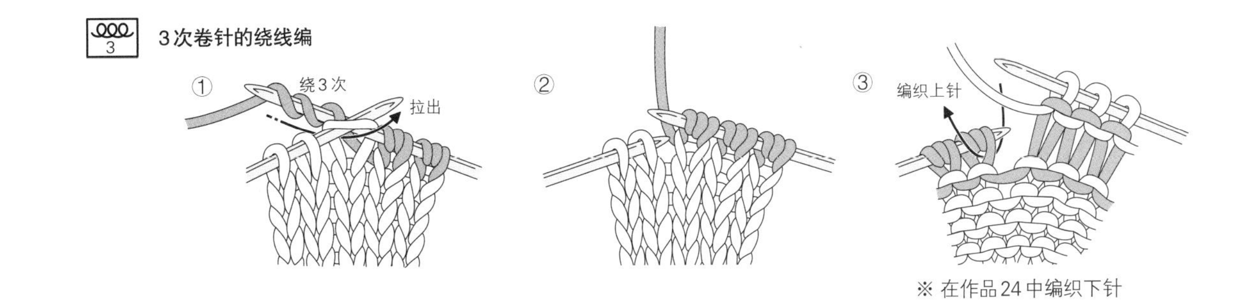

图书在版编目（CIP）数据

唯美手编.6，实用毛衫编织/日本宝库社编著；蒋幼幼译. —郑州：河南科学技术出版社，2020.5

ISBN 978-7-5349-9912-3

Ⅰ. ①唯… Ⅱ. ①日… ②蒋… Ⅲ. ①手工编织-图集 Ⅳ. ①TS935.5-64

中国版本图书馆CIP数据核字（2020）第050848号

出版发行：河南科学技术出版社
地址：郑州市郑东新区祥盛街27号　邮编：450016
电话：（0371）65737028　65788613
网址：www.hnstp.cn
策划编辑：刘　欣
责任编辑：张　培
责任校对：马晓灿
封面设计：张　伟
责任印制：张艳芳
印　　刷：北京盛通印刷股份有限公司
经　　销：全国新华书店
开　　本：889 mm × 1194 mm　1/16　印张：6　字数：170千字
版　　次：2020年5月第1版　2020年5月第1次印刷
定　　价：49.00元

如发现印、装质量问题，影响阅读，请与出版社联系并调换。